U0333763

本书的出版受到上海师范大学高峰高原学科——工商管理、上海市科技人才计划项目青年科技英才扬帆计划（19YF1437000）的资助。

基于政府职能的
企业环保问题监管与治理机制研究

张艳楠　著

中国·广州

图书在版编目（CIP）数据

基于政府职能的企业环保问题监管与治理机制研究/张艳楠著．—广州：暨南大学出版社，2020.8
ISBN 978－7－5668－2934－4

Ⅰ．①基…　Ⅱ．①张…　Ⅲ．①企业环境管理—研究　Ⅳ．①X322

中国版本图书馆CIP数据核字（2020）第122735号

基于政府职能的企业环保问题监管与治理机制研究
JIYU ZHENGFU ZHINENG DE QIYE HUANBAO WENTI JIANGUAN YU ZHILI JIZHI YANJIU
著　者：张艳楠

出 版 人： 张晋升
责任编辑： 高　婷
责任校对： 张学颖　孙劭贤
责任印制： 汤慧君　周一丹

出版发行： 暨南大学出版社（510630）
电　　话： 总编室（8620）85221601
营销部（8620）85225284　85228291　85228292　85226712
传　　真：（8620）85221583（办公室）　85223774（营销部）
网　　址： http：//www.jnupress.com
排　　版： 广州市天河星辰文化发展部照排中心
印　　刷： 广东虎彩云印刷有限公司
开　　本： 787mm×960mm　1/16
印　　张： 11.75
字　　数： 200千
版　　次： 2020年8月第1版
印　　次： 2020年8月第1次
定　　价： 46.80元

前　言

全球正处于一个经济全球化和科技迅猛发展的时代，企业逐渐成为推动社会经济发展的绝对力量。那些在实际生产运作中产生一定的废水、废气和固体废弃物，对周围环境和社会公众造成一定的污染和破坏的企业，被称为污染型企业。污染型企业主要集中在国民经济发展的基础支柱产业中，关系到国计民生，在国家经济和社会发展中起到中流砥柱的作用。因此，对污染型企业环保问题的监督与管理，通常由政府部门进行合理有效的监管与引领导向。

针对存在环境问题的污染型企业，政府规定企业自身首先进行环保设备和治污技术的改造与提升，并鼓励企业进行相关环保治污设备技术的研发，并予以一定的政府补贴，严令禁止各种非法排污行为。即污染型企业环保问题监督和治理的政府管理机制的全过程主要包括政府部门对污染型企业的监管、环保治污设备技术成本分摊、环保治污设备技术研发策略下的政府补贴、企业非法排污问题的治理四个关键环节。

具体来说，对于政府部门对污染型企业的监管问题，本书主要运用制度工程学的理论知识，对政府部门监督管理污染型企业的排污行为进行研究。在环保治污设备技术成本分摊中，运用合作博弈理论，通过分析环保治污设备技术选择问题，构建污染型企业购买使用环保治污设备技术的成本分摊合作博弈模型来进行讨论研究。对于环保治污设备技术研发策略下的政府补贴，通过构建包含一个政府部门和两个生产同质产品的污染型企业在内的三阶段博弈模型，分别研究在独立研发和合作研发两种不同方式下的政府补贴标准，并对不同研发方式和补贴标准政策进行对比与分析。在企业非法排污问题的治理中，以排污权交易市场为设计背景，基于 Stackelberg 博弈模型，对政府部门与污染型企业之间进行动态博弈分析。

总而言之，本书试图针对不完全信息条件提出更具有操作性和可行性的策略集，设计并制定相应的管理制度进行保障，建立并完善一套科学合理有效的政府部门对污染型企业环保问题的监管治理体系，并提出相应的治理措施。通过寻求一种解决污染型企业环保问题的政府部门监管和治理机制的稳定状态，以实现政府管理机制的科学性与合理性、管理模式的优化与管理成果的有效，确保污染型企业实际运营期间的安全性以及与周围环境的可持续协调发展，最终实现经济效益、社会效益、环境效益的最大化。

张艳楠

2020 年 6 月于上海

目　录

1 绪 论

1.1 研究背景及意义

1.1.1 问题的提出

伴随着经济社会的迅猛发展和科学技术的不断提高，世界范围内涌现出了越来越多的大、中小型企业，例如国有企业、集体所有制企业、股份制企业、私营企业、联营企业、外资企业等多种不同类型，涉及能源、交通、水利、电力、民生、科技、军事、体育等多个不同方面。[①] 这些涵盖社会不同类型、不同领域的企业对提升国家经济进步与发展速度、促进全球合作产生了重大的推动作用。

迈进21世纪之后，我国各种类型的大、中小型企业逐步开始快速地发展。然而，一部分企业因自身原因，在实际生产运作中不可避免地产生废水、废气和固体废弃物[②]，成为对社会公众和周围环境造成影响和破坏的污染型企业。[③] 这些严重危害生态资源和自然平衡的污染物，不仅使广大人民群众的健康受到了影响，也损害了企业自身建设与发展的长远利益。值得注意的是，在这些污

---

① HARRINGTON D R. Effectiveness of state pollution prevention programs and policies [J]. Contemporary economic policy, 2013, 31 (2): 255 - 278.

② JAFFE J, RANSON M, STAVINS R N. Linking tradable permit systems: a key element of emerging international climate policy architecture [J]. Ecology law quarterly, 2010, 36 (4): 789 - 808.

③ GRAY W B, SHIMSHACK J P. The effectiveness of environmental monitoring and enforcement: a review of the empirical evidence [J]. Review environmental economics and policy, 2011, 5 (1): 3 - 24.

染型企业中，绝大部分企业属于关系国民经济发展和国计民生的支柱型基础产业[①]，对国家和社会的经济发展起着举足轻重的作用。因此，伴随着我国经济的飞速发展和科技的不断进步，这部分污染型企业的环境保护问题日益凸显，污染型企业与外界环境是否可持续和谐发展逐渐受到人们重视和关注。

目前，对于一个处于经济全球化和发展多样化的国家来说，企业的规模体系越来越复杂，涉及的行业领域越来越广泛。作为逐渐成为推动经济发展、社会进步中坚力量的企业，尤其是污染型企业，如何科学地认识自身性质与特点，并以此为依据建立合理的依据标准，从而确保其施工建设期间与生产运营过程的高效和安全以及与社会公众和周围环境的可持续和谐发展，最终取得经济效益、环境效益与社会效益的最大化，这与政府部门完善的监督管理和科学有效的引导密切相关。因此，如何逐步建立并完善一套针对企业环保问题监管与治理的政府管理机制，这一问题值得进一步深入的研究、分析与讨论。

1.1.2 研究背景

污染型企业指的是在实际生产与运作期间产生的污染废弃物对社会公众和周围环境具有一定影响与破坏的企业。[②] 根据污染废弃物产生的不同来源，这些污染废弃物主要包括三种不同的类型，即废水、废气和固体废弃物，并据此将这些污染废弃物对外界社会自然环境的不良影响分别划分为废水污染、废气污染、固体废弃物污染。这些严重危害生态资源和自然平衡的污染物，不仅使广大人民群众的健康受到了影响，也损害了企业自身建设与发展的长远利益。

污染型企业目前主要集中在如食品、纺织、造纸等轻工业领域和电力、水利、化工、钢铁、冶金等重工业领域，这些特定行业领域关系到国计民生，是经济建设和发展的基础产业，也是社会进步的重要支柱。因此，作为促进经济发展、社会进步的污染型企业，本身具有一定的社会民生基础，并兼具两种不

---

① MAHAPATRA S, SWIFT T K. Constructing global production activity indices: the chemical industry [J]. Business economics, 2012, 47 (1): 68 - 81.

② 吴安平，晁莉. 大气污染型企业环境绩效审计的探讨 [J]. 长春大学学报，2016，26 (9): 38 - 41.

同的基本属性，即共性和个性。[①] 污染型企业的共性主要指的是其存在是人类发展的需要，不仅极大程度地促进了生产的进步和社会的发展，同时也提高了人类的生活质量；污染型企业的个性主要指的是分布在不同行业领域的企业，因自身性质原因不可避免地产生具有不同性质特点的污染物。

污染型企业虽然规模体系复杂，涉及行业领域广泛，但仍具有其内在的联系和规律。污染型企业的特点主要是投资成本高、规模体系大、建设工期长、生产运营期间污染性强、关系国计民生等，[②] 如果建立一套科学合理的体系对其进行有效的监管和治理，使其在保护环境这一基本国策的要求下进行建设与发展，按照污染型企业本身的特点及规律，最终能实现经济效益、环境效益和社会效益的最大化。一般来说，这种适用于污染型企业的，具有一定环境目标与环保责任的监管体系，主要由政府部门建立并逐步完善落实，其中包括评估、决策、运营、问题监管与安全防范、社会责任与伦理道德等多个环节。[③]因此，从污染型企业前期的设计、施工建设到后期的实际生产与运作过程，政府部门的监督与管理渗透在每一个环节与步骤中。政府部门应建立科学合理有效的监管与治理机制，在减少污染、确保安全的前提条件下，实现污染型企业的经济目标与社会目标，尤其是环境目标和谐统一的可持续发展。

政府部门针对污染型企业环保问题的监管与治理机制主要有以下几个特点：第一，涉及广泛，结构繁杂。污染型企业本身规模体系较为庞大，其建设运营的费用较高，因此污染型企业的投资主体一般由多个组织或个人共同承担。然而不同的投资主体有时会因不同的目标产生利益冲突，正确处理并协调不同投资主体之间的关系，使其形成一致的战略规划，达到经济效益、环境效益以及社会效益三者的和谐统一，才会使得政府的监管与治理机制顺利进行。第二，较多的外界影响因素。污染型企业的前期建设和后期运作容易受到多方

① 吕途，杨贺男．马克思、恩格斯生态经济思想及其对生态环境法治观的启示［J］．企业经济，2011（9）：190－192.

② POORSEPAHY-SAMIAN H，KERACHIAN R，NIKOO M R. Water and pollution discharge permit allocation to agricultural zones：application of game theory and min-max regret analysis［J］．Water resources management，2012，26（14）：4241－4257.

③ 蔺雪春．环境挑战、生态文明与政府管理创新［J］．社会科学家，2011，26（9）：70－73.

面客观因素的共同影响，如当地的经济水平、政策类型、科技与教育程度、文化风俗习惯等。第三，较长的建设运营周期。污染型企业的建设发展目标多与国计民生相关，涉及支柱型基础产业，其结构、体系、规模较为庞大复杂，因而其设计使用的年限相较于一般企业而言较长，更加需要一项针对污染型企业环保问题进行科学合理有效监管和治理的政府管理机制。①

此外，基于污染型企业环保问题的政府监管与治理机制的制定和实施同样与其内部、外部环境有着密不可分的关联，其管理机制的模式受到所处社会条件和污染型企业自身情况的深刻影响。与以往的计划经济时代有所区别，在进入社会主义市场经济时代②以后，政府部门通过综合使用经济、政治、文化等多种不同手段来实现对污染型企业的监管和治理，达到经济效益、环境效益以及社会效益共赢的最终目标。目前，政府部门对污染型企业环境保护问题的管理集中表现为两个方面：第一，对于尚未建设以及处于筹建中的污染型企业，政府部门对其立项，并制定了科学严格的标准，如进行环境影响评价、检查厂房及设备建设是否符合环保要求等。③ 第二，对于已经建成并投入使用的，尤其是具有较长运作时间的污染型企业，政府部门对其进行及时合理全面的环境影响评价。④ 针对存在环境问题及环保隐患的污染型企业，政府规定企业自身首先进行环保治污设备技术的改造与提升，并鼓励企业进行相关环保治污设备技术的研发，并予以一定的政府补贴，严令禁止各种非法排污行为。其中，政府部门针对第一种污染型企业制定的立项标准均建立在较为完善的科学化与合理化的基础之上，因此政府部门对于第一种污染型企业的管理相当于在企业建设初期对其环保问题进行全面严格的管控，具有较强的管理效力，能够及时规避后期负面效应。然而，第二种污染型企业因已投入生产运作，考虑治污成本较高或部分企业自身能力有限，无法达到政府部门规定的污染物达标排放的标

---

① 杨朝飞．转变政府管理职能、创新环境经济政策［J］．环境保护，2008（7A）：4－10.

② 邓道坤．加强和改善政府管理，为国有企业改革发展创造良好的环境［J］．中国行政管理，2000（2）：43－44.

③ 杜宁宁，李瑛．科技项目立项评估机制优化研究［J］．科研管理，2016（A1）：1－5.

④ 潘峰，西宝，王琳．地方政府间环境规制策略的演化博弈分析［J］．中国人口（资源与环境），2014，24（6）：97－102.

准。因此，政府部门对于第二种污染型企业的监督和管理逐渐成为对污染型企业管理的重中之重。

1.1.3 研究的目的和意义

我国政府部门对污染型企业环保问题监管与治理机制的改革和实施已经进行了30余年，许多单位和部门在污染型企业环保问题管理机制方面进行了多层次多方面的探索和实践，取得了一定的成效。但就总体而言，整个政府部门监管和治理机制的专业化水平仍旧较低，缺乏成熟的管理经验，导致管理机制科学性不强、办事效率不高，容易在相关职能部门滋生失误和腐败，难以获得有效的管理效果。①

如何科学地认识污染型企业的自身性质与特点，并以此为依据确定其建立合理的依据标准，从而确保其施工建设期间与生产运营过程的高效和安全以及与社会公众和周围环境的可持续和谐发展，最终取得经济利益、环境效益和社会利益的最大化，与政府部门完善的监督管理和科学有效的引导密切相关。

因此，将污染型企业作为一个整体系统，通过对污染型企业环保问题监管和治理的政府管理机制进行深入的分析讨论，逐步建立并完善一套基于污染型企业环保问题的政府部门管理机制，规范项目立项过程、制定项目可行性研究、建立科学合理的标准体系、建立健全市场监督体系、防范不良影响和负面效应，使得针对污染型企业从前期施工建设到后期生产运营的全部管理过程科学、合理、专业、有效，从而达到经济利益、环境利益、社会利益三者和谐统一发展，提高企业生产运作质量，促进社会经济发展，保障国计民生的最终目的。②

---

① 原毅军，耿殿贺．环境政策传导机制与中国环保产业发展：基于政府、排污企业与环保企业的博弈研究［J］．中国工业经济，2010（10）：65－74.

② 张学刚，钟茂初．政府环境监管与企业污染的博弈分析及对策研究［J］．中国人口（资源与环境），2011，21（2）：31－35.

1.2 研究的目标与内容

1.2.1 研究目标

针对目前已经建成并投入使用的污染型企业政府监管和治理机制存在的问题，通过研究其主要管理机制，分析并解决机制设计与治理环节中存在的问题，以达到完善政府对于已经建成并投入使用的污染型企业实行科学有效管理机制的最终目的。

具体来说，针对已经建成并投入使用的污染型企业进行科学合理有效的政府管理机制设计与治理为研究主线，综合运用系统工程理论、制度工程学、博弈论、信息经济学和运筹学方法，针对污染型企业可能存在的问题，对政府监管和治理机制的全过程[①]，尤其是政府部门对污染型企业的监管、环保治污设备技术成本分摊、环保治污设备技术研发策略下的政府补贴、企业非法排污问题的治理等关键环节[②]出现的主要问题进行博弈分析。分别通过二元行为管理制度基本模型理论、非合作博弈理论，如 Stackelberg 博弈模型、合作博弈理论、夏普利值、核仁等，构建包含政府、污染型企业、公众三者的动态博弈模型。[③] 特别是针对不完全信息条件提出更具有操作性和可行性的策略集[④]，设计并制定相应的管理制度进行保障，并提出相应的治理措施，寻求一种解决污染型企业环保问题的政府部门监管和治理机制的稳定状态[⑤]，以实现政府管理

---

① FUNG I W H，TAM V W Y，LO T Y，et al. Developing a risk assessment model for construction safety [J]. International journal of project management，2010，28 (6)：593 –600.

② 李斌，彭星. 环境机制设计、技术创新与低碳绿色经济发展 [J]. 社会科学，2013 (6)：50 –57.

③ DUBOIS P，VUKINA T. Optimal incentives under moral hazard and heterogeneous agents：evidence from production contracts data [J]. International journal of industrial organization，2009，27 (4)：489 –500.

④ YU J，LIU Y. Prioritizing highway safety improvement projects：a multi-criteria model and case study with safety analyst [J]. Safety science，2012，50 (4)：1085 –1092.

⑤ GRETHER J M，MATHYS N A. The pollution terms of trade and its five components [J]. Journal of development economics，2013，100 (1)：19 –31.

制度的合理性与有效性、体现管理模式的优化与管理成果。

1.2.2 研究内容

第一，在政府部门对污染型企业的监管问题中，主要运用制度工程学[①]的理论知识，对政府部门监管污染型企业的排污行为进行研究。建立政府部门监管企业排污行为的二元行为管理制度基本模型——孙氏图，并讨论特殊情况下不同特征参数的二元行为管理制度，同时对制度的有效性进行分析与讨论。

第二，在环保治污设备技术成本分摊中，运用合作博弈理论[②]，通过分析环保治污设备技术选择问题，构建污染型企业购买使用环保治污设备技术的成本分摊合作博弈模型，并把购买使用环保治污设备技术的成本、运营费用与处理未被治理污染物的排污费作为总费用统一研究。分析成本分摊博弈的特性，如求解核、夏普利值等，指出满意度检验与联盟稳定性的关系，并对有附加治污需求的设备技术选择博弈进行了进一步的讨论研究。

第三，在环保治污设备技术研发策略下的政府补贴中，构建一个三阶段动态博弈模型，在博弈模型中涉及一个政府机构以及生产同质产品的两个企业[③]，分别研究在独立研发和合作研发两种不同方式下的政府补贴标准，用逆向归纳法分析每个博弈情况下的最优产量、最优研发水平、最优补贴，并对不同研发方式和补贴标准政策进行对比与分析。

第四，在企业非法排污问题的治理中，针对我国传统企业非法排污问题制度治理所存在的漏洞，以排污权交易市场为设计背景，基于 Stackelberg 博弈模型[④]，对政府部门与污染型企业二者进行博弈研究。通过对博弈双方，即政府部门制定的排污权交易价格、污染型企业确定的生产产量与投入的环保治污设

---

① 孙绍荣．制度工程学：孙氏图与五种基本制度结构［M］．北京：科学出版社，2015：78－105.

② 储丽琴，曹海敏．基于环境价值链的环境成本分摊理论与实例分析［J］．经济问题，2012（12）：102－106.

③ 生延超．环保创新补贴和环境税约束下的企业自主创新行为［J］．科技进步与对策，2013，30（15）：111－116.

④ 周朝民，李寿德．排污权交易与指令控制条件下寡头厂商的均衡分析［J］．系统管理学报，2011，20（6）：677－681.

备技术质量费用的策略进行研究，同时引入政府检查和监管的概率、社会公众监督并举报污染型企业是否存在违规排污行为的概率，对污染型企业的经济效益、政府部门的环境效益以及社会效益进行重新定位与深入讨论，进而在分析最优化反应函数的框架下，构建了一种以总量控制为基础的治理模型，考察了在治理模型下排污权对污染型企业及政府、社会公众与环境的综合影响。

针对企业治污投入与排污权交易政策动态一致性问题，基于 Stackelberg 博弈模型，研究排污权交易市场背景下，博弈双方企业产量的确定、政府部门规定单位产量治污水平的决策问题，引入政府部门查处或社会公众举报非法排污的概率，构建一种以控制排污总量为标准的治理模型。分析博弈双方两种不同行动顺序下的最优反应函数，研究排污权交易政策一致性问题，以及平均主义倾向和非平均主义倾向条件下政策的动态一致性，重新定位企业的经济效益、政府部门的社会效益和环境效益，全面权衡环保治污设备技术费用投入与社会环境效益。

第五，选取中国经济最发达、城镇集聚程度最高的城市化地区——长三角城市群作为主要研究对象，将“长三角城市群跨域调控路径与区域生态价值共创机制研究”作为探索城市群空间增长理论、城市群与资源环境相互反馈机制的重要突破口。测度资源环境压力，分析长三角城市群空间结构特征对资源环境的影响；引入评价指数并构建测度模型，研究长三角城市群空间增长的资源环境响应演变规律，确定空间开发强度与资源环境的耦合关系；探求长三角城市群生态位态势演变机制，确定跨域调控路径。同时，进行城市群产业代谢过程及网络结构演化模拟，分析长三角城市群产业结构特征对资源环境的影响；测度城市群内部环境风险传递与经济规模、污染转移量的关联关系，研究不同管理政策下长三角城市群环境风险传递网络影响效用；基于环境性能评价进行空间管治与结构优化，探求城市群生态位态势演变机制，确定跨域调控路径，构建长三角城市群区域生态价值共创机制，最终实现长三角城市群的可持续长足发展。

1.2.3 各章内容安排

各章内容基本框架如图 1－1 所示。

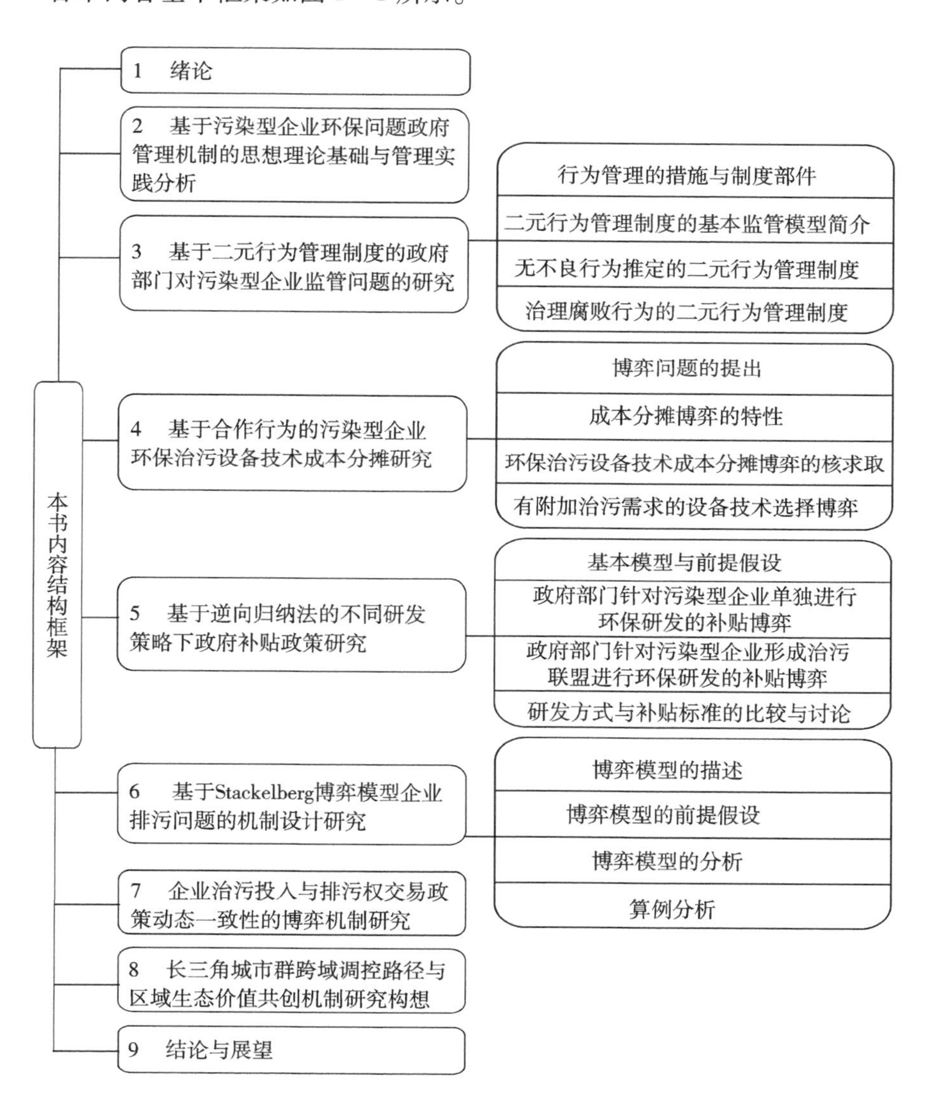

图 1－1 本书基本框架

1.3 研究的技术路线与方法

1.3.1 研究方法

1. 文献与调研分析法

通过搜集资料、阅读国内外参考文献以及进行实地调研考察，了解目前基于污染型企业环保问题的监管与治理机制的研究现状，并找出其存在的主要问题。

2. 一手数据和其他相关数据的收集法

拟采用参与观察法、深度访谈法、专家咨询法、问卷调查法、公众参与GIS法、网站内容分析法获取一手数据。通过中国统计年鉴、中国国家基础地理信息中心、中国综合社会调查、地理空间数据云、图片分享网站（如Flickr）获取其他相关数据。

3. 数据库法

利用“锐思数据库”和“国泰安数据库”，作为相关内容研究所需的基础性数据来源。

4. 多维数据的数理统计分析处理法

为确保数据使用的科学性，主要使用相关性分析、差异性分析、内容分析（如SPSS、AMOS）、系统聚类分析、拟合分析、多元线性回归分析等，对数据进行多维处理。

5. 理论模型与模拟检验综合研究法

综合应用系统工程学、制度工程学、博弈论、运筹学和信息经济学的方法，对于政府部门对污染型企业（尤其是已经建成并投入使用的）的监管问题、环保治污设备技术成本分摊、环保治污设备技术研发策略下的政府补贴、企业非法排污问题的治理等关键环节出现的主要问题进行分析，构建监管和治理机制博弈模型。同时，对博弈模型的研究结果进行模拟和检验，使所得结论更加严谨可靠。

6. 全过程动态分析法

以污染型企业与政府部门相互作用关系为主线，系统构建了“监管问题—成本分摊—补贴政策—排污问题—政策动态一致性”的基于政府职能的企业环保问题监管与治理机制研究结构。

1.3.2 研究思路

目前，政府部门对污染型企业环保问题的管理集中表现为两个环节：第一，对于尚未建设以及处于筹建中的污染型企业，政府部门对其立项，并制定了科学严格的标准。[①] 第二，对于已经建成并投入使用的，尤其是具有较长运作时间的污染型企业，政府部门对其进行及时合理全面的环境影响评价。[②] 针对存在环境问题及环保隐患的污染型企业，政府规定企业自身首先进行环保治污设备技术的改造与提升，并鼓励企业进行相关环保治污设备技术的研发，并予以一定的政府补贴，严令禁止各种非法排污行为。其中，政府部门针对第一种污染型企业制定的立项标准均建立在较为完善的科学化与合理化的基础之上。第二种污染型企业因已投入生产运作，考虑治污成本较高或部分企业自身能力有限，无法达到政府部门要求的污染废弃物达标向外界排污的标准。因此，政府部门对于第二种污染型企业的监管和治理逐渐成为对污染型企业管理的难点，也是本书的研究重点。

对于政府部门对污染型企业的监管问题，主要运用制度工程学的理论知识，对政府部门监管污染型企业的排污行为进行研究。在环保治污设备技术成本分摊中，运用合作博弈理论，通过分析环保治污设备技术选择问题，解决污染型企业购买使用环保治污设备技术的基于合作博弈模型的成本分摊问题，并进行了进一步的分析与研究。对于环保治污设备技术研发策略下的政府补贴，通过构建包含一个政府部门和两个生产同质产品的污染型企业在内的三阶段博弈模型，分别研究在独立研发和合作研发两种不同方式下的政府补贴标准，并

① 杜宁宁，李瑛．科技项目立项评估机制优化研究［J］．科研管理，2016（A1）：1－5.

② 潘峰，西宝，王琳．地方政府间环境规制策略的演化博弈分析［J］．中国人口（资源与环境），2014，24（6）：97－102.

对不同研发方式和补贴标准政策进行对比与分析。在企业非法排污问题的治理中，以排污权交易市场为设计背景，基于 Stackelberg 博弈模型，对政府部门与污染型企业之间进行动态博弈分析。

1.3.3 实施方案

（1）对基于污染型企业环保问题的监管和治理机制进行博弈分析，对整个政府管理机制的全过程，尤其是对于已经建成并投入使用的污染型企业，构建管理机制博弈模型。

（2）分别通过二元行为管理制度基本模型理论、非合作博弈理论，如 Stackelberg 博弈模型、合作博弈理论等，对政府部门对污染型企业的监管问题、环保治污设备技术成本分摊、环保治污设备技术研发策略下的政府补贴、企业非法排污问题的治理等关键环节出现的主要问题进行分析，构建包含政府、污染型企业、群众的动态博弈模型。

（3）三方博弈问题对管理机制的作用研究，分析治理制度的动态一致性问题以及满足机制与制度设计的约束条件研究。[①]

（4）寻求管理机制设计与治理最优策略的研究，同时运用软件，通过一定的算例分析进行模拟与验证[②]，最终建立一套有效的信息通报及协作机制。

（5）设计并制定相应的制度进行保障，提出相应的治理措施和实施意见。

1.3.4 技术路线图

技术路线图如图 1－2 所示。

---

① MCEVOY D M，STRANLUND J K . Self-enforcing international environmental agreements with costly monitoring for compliance［J］. Environmental and resource economics，2009，42（4）：491－508.

② FABIEN P，ALAIN J M，MABEL T. Growth and irreversible pollution：are emission permits a means of avoiding environmental and poverty traps［J］. Macroeconomic dynamics，2013，17（2）：261－293.

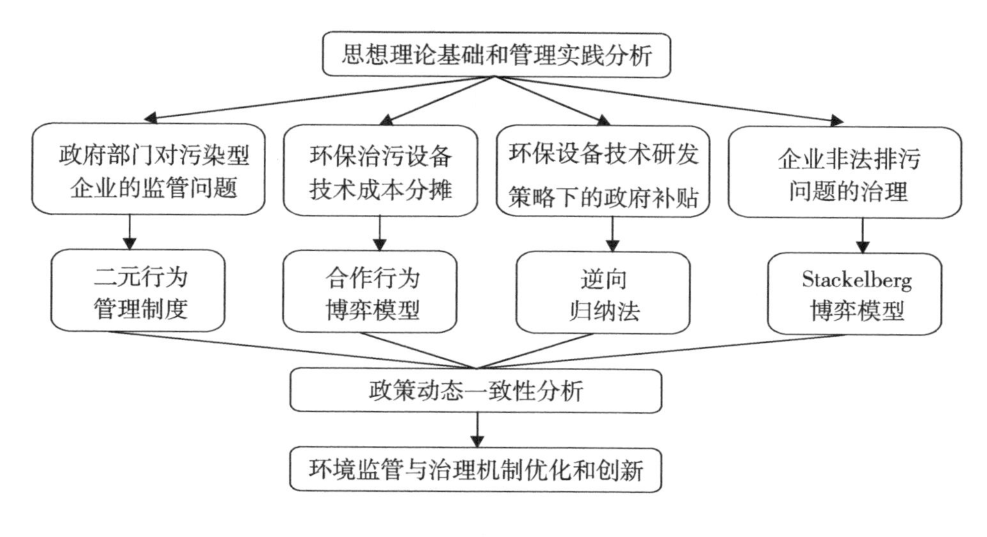

图 1－2 技术路线图

1.4 研究的基本保障

1.4.1 可行性分析

1. 选题具有理论的前沿性与实践的时代性

针对目前已经建成并投入使用的污染型企业政府监管和治理机制存在的问题，通过研究其主要管理机制，分析并解决机制设计与治理环节中存在的问题，以达到完善政府对于已经建成并投入使用的污染型企业实行科学有效管理机制的最终目的。

2. 研究内容丰富合理

政府部门对污染型企业环保问题的管理集中表现为两个环节：第一，对于尚未建设以及处于筹建中的污染型企业，政府部门对其立项，并制定了科学严格的标准①。第二，对于已经建成并投入使用的，尤其是具有较长运作时间的

① 杜宁宁，李瑛．科技项目立项评估机制优化研究［J］．科研管理，2016（A1）：1－5.

污染型企业，政府部门对其进行及时合理全面的环境影响评价。① 针对存在环境问题及环保隐患的污染型企业，政府规定企业自身首先进行环保治污设备技术的改造与提升，并鼓励企业进行相关环保治污设备技术的研发，且予以一定的政府补贴，严令禁止各种非法排污行为。因此，本书将研究内容划分为四个部分进行系统的研究。

3. 分析方法科学有效

针对已经建成并投入使用的污染型企业，进行科学合理有效的政府管理机制设计与治理，综合运用系统工程理论、制度工程学、博弈论、信息经济学和运筹学方法②，对整个政府监督和治理机制的全过程，尤其是政府部门对污染型企业的监管问题、环保治污设备技术成本分摊、环保治污设备技术研发策略下的政府补贴、企业非法排污问题的治理等关键环节③出现的主要问题进行博弈分析。分别通过二元行为管理制度基本模型理论、非合作博弈理论，如Stackelberg博弈模型、合作博弈理论等，构建包含政府、污染型企业、公众三者的动态博弈模型。④

4. 一定的研究基础

笔者已经初步提出了关于城市生态建设、资源消耗与污染治理机制设计的基本思路和方法，并形成了部分研究成果。

1.4.2 条件保障

1. 研究组成员方面

研究组成员均为高校教师和在读研究生，有充裕时间完成本项目的研究工

---

① 潘峰，西宝，王琳．地方政府间环境规制策略的演化博弈分析［J］．中国人口（资源与环境），2014，24（6）：97－102.

② FUNG I W H，TAM V W Y，LO T Y，et al. Developing a risk assessment model for construction safety［J］．International journal of project management，2010，28（6）：593－600.

③ 李斌，彭星．环境机制设计、技术创新与低碳绿色经济发展［J］．社会科学，2013（6）：50－57.

④ DUBOIS P，VUKINA T. Optimal incentives under moral hazard and heterogeneous agents：evidence from production contracts data［J］．International journal of industrial organization，2009，27（4）：489－500.

作，积累的资料为本项目提供了基本的研究资料保障。

2. 研究中心支持

本项目提出的研究主题主要基于所在学校的相关研究中心，并成为该中心的研究方向与研究特色，研究中心为本项目的研究提供理论和技术的支持保障。

3. 学会力量支持

笔者是学术研究学会的会员，并积极参加本学会举办的全国性学术活动。行业学会的科技力量，可为本项目的开展提供多方位的科研力量和多维度的技术支持。

1.4.3 资料设备等科研条件

1. 分类调研与研究数据方面

通过学校购入的 Elsevier、Springer、EBSCO、John Wiley、SpecialSciDBS、中国期刊网和万方数据等在线数据资料开展文献调查；通过学校安装的具有实时更新功能的企业与经济数据“锐思数据库”，检索与收集相关数据。同时，联系所在学校的环境领域研究中心，为调动本校教师和学生进行实地调研，收集大量的一手数据做准备。

2. 研究方法与研究内容方面

阅读大量的中外图书和参考资料，分析城市资源环境的现状及治理环节的性质、特点、薄弱点，研究其涉及的主要群体和具体过程。同时，利用所在学校拥有的工具软件（Arena 13.50、Anylogic、DEA-Solver、Vensim 等）、计算机、数据库与资料库，进行计算机算法和仿真模拟软件的调试工作。

3. 研究中心和实验室方面

所在学校拥有一批具有优势和特色的学科研究中心，如计算科学上海高校智库、上海市高校 E 研究院、上海市协同创新中心、上海市人民政府决策咨询研究基地工作室；所在学院拥有多所研究机构和 GIS 实验室，如城市生态与环境研究中心、环境科学与工程研究所、中澳可持续旅游与环境管理研究中心、上海旅游发展研究中心等。学校和学院为本项目提供良好的软件、硬件环境和网络平台，保障研究的设备和实验条件。

1.5 研究的主要创新点与不足

1.5.1 创新之处

首先，在运用制度工程学的理论知识研究政府部门对污染型企业的监管问题中，基于现实性的考虑，主要通过工程化的制度设计方法对政府部门监管、治理污染型企业的排污行为进行研究。[①] 建立政府部门监管企业排污行为的二元行为管理制度基本模型孙氏图，并确定其制度参数。分析特殊情况下的特征参数，分别对无不良行为推定的二元行为管理制度和治理腐败行为的二元行为管理制度进行讨论，并对制度的有效性进行分析。此外，对治理腐败的二元行为管理制度进行了改进，提出了技术和管理的改进措施，并对制度参数数值进行模拟检验。通过比较制度的效果，使得制度的优化和设计更为科学合理、更加易于实际操作实践。

其次，分析环保治污设备技术成本分摊时，考虑到部分污染型企业因自身能力有限或治污成本过高，因而存在共同治理污染物的可能，即多个污染型企业形成治污联盟，共同建设、购买或使用环保治污设备技术，并进行成本分摊。[②] 具体来说，运用合作博弈理论，构建污染型企业购买使用环保治污设备技术的成本分摊合作博弈模型，并把购买使用环保治污设备技术的成本、设备技术运营费用与处理未被治理污染物的排污费作为总费用共同研究。通过分析成本分摊博弈的特性求解核、夏普利值等，指出满意度检验与联盟稳定性的关系，并进行算例分析。最后分析了有附加治污需求的设备技术选择博弈，研究了治污联盟成员的增加对环保治污设备技术需求的影响。

同时，作为一种公平稳定的分配方案，核的分配方案优于任何参与人的子

---

① 孙绍荣．制度工程学：孙氏图与五种基本制度结构［M］．北京：科学出版社，2015：78－105.

② 赵来军，曹伟．湖泊流域跨界水污染合作平调模型研究［J］．系统工程学报，2011，26（3）：367－372.

集从全联盟中撤出构成新联盟的分配，其具有集体理性和个体理性的特性。但是，因核的求取与博弈中参与人的总数有关，当总数不确定或较大时，合作博弈核的求取过程会变得较为复杂。因此，证明该博弈模型为子模博弈[①]，通过运用子模博弈的良好性质求解博弈的核、夏普利值等是分析环保治污设备技术成本分摊的另一个创新点所在。

再次，在讨论环保治污设备技术研发策略下的政府补贴时，引入政府参与引导机制。通过构建包含一个政府部门和两个生产同质产品的污染型企业的三阶段博弈模型，分别研究在独立研发和合作研发两种不同方式下的政府补贴标准，用逆向归纳法分析每个博弈情况下的最优产量、最优研发水平、最优补贴。[②] 同时，对比讨论不同研发方式和补贴标准政策发现，污染型企业在研发方式上更倾向于合作研发，而以减排量为标准的补贴政策与排污权交易政策的关系更明确，因此在实际中更具有实践意义。

最后，研究企业非法排污问题的治理时，以排污权交易市场为设计背景，构建一种以总量控制为基础的治理模型，基于 Stackelberg 博弈模型，对政府部门与污染型企业二者进行博弈研究。通过对博弈双方，即政府部门制定的单位排污权交易价格、污染型企业确定的生产产量与投入的环保治污设备技术质量费用策略进行研究，同时引入政府机构检查和监管概率、群众监督并举报污染型企业是否存在违规排放现象的概率，对污染型企业的经济效益、政府部门的环境效益以及社会效益进行重新定位与深入讨论。[③]

1.5.2 不足之处

在运用制度工程学的理论知识研究政府部门对污染型企业的监管问题中，主要对政府部门监管污染型企业的污染排放行为进行二元行为管理的研究。通

① LOZANO S，GUTIÉRREZ E. Slacks-based measure of efficiency of airports with airplanes delays as undesirable outputs [J]. Computers and operations research，2011 (38)：131-139.

② 陆国庆，王舟，张春宇. 中国战略性新兴产业政府创新补贴的绩效研究 [J]. 经济研究，2014，49 (7)：44-55.

③ 张宏翔，熊波. 基于鲍莫尔-奥茨税的德国排污费制度的经济分析 [J]. 中国人口（资源与环境），2012，22 (10)：69-77.

过对参数进一步的设定可以确定行为效用[①]、估算行为概率[②]，使结论更具有管理实践效用。

基于合作博弈的成本分配机制是定价机制研究的基础，也是污染型企业联合治污发展的关键。但在环保治污设备技术成本分摊研究过程中没有针对实际生产运作中的不同情况分别构建不同约束条件的成本分摊博弈模型，如存在容量约束的成本分摊问题等。[③] 并且在对这些博弈问题的核进行求解的过程中，如有解的困难性和多重性，可适当进行启发式算法求解。[④]

对环保治污设备技术研发策略下的政府补贴的研究主要是基于三阶段博弈模型，将复杂的博弈过程作符合经济管理规律的简单化处理，从而得出较为基础的结论。然而博弈模型中的三方主体在长期多重博弈中会不断调整自己的策略[⑤]，导致各自收益支付的变化，本书未能对三方进行动态博弈分析。[⑥] 具体来说，包括污染型企业及政府部门补贴的非对称性[⑦]、补贴次序的调整与变化等研究内容。[⑧]

企业非法排污问题治理机制[⑨]在制定和实施的过程中需要从不同方面考虑

---

① POMNALURI R V. Sustainable bus rapid transit initiatives in India：the role of decisive leadership and strong institution [J]. Transport policy，2011，18 (1)：269－275.

② CLEMENTS T，JOHU A，NIELSEN K. Payment for biodiversity conservation in the context of week institutions：comparison of three programs from Cambodia [J]. Ecological economics，2010，69 (6)：1283－1291.

③ MADHOK A，KEYHANI M，BOSSINK B. Understanding alliance evolution and termination：adjustment costs and the economics of resource value [J]. Strategic organization，2015，13 (2)：91－116.

④ GOEMANS M X，SKUTELLA M. Cooperative facility location games [J]. Journal of algorithms，2004，50 (2)：194－214.

⑤ WANG S Y，FAN J，ZHAO D T，et al. The impact of government subsidies or penalties for new-energy vehicles：a static and evolutionary game model analysis [J]. Journal of transport economics and policy，2015，49 (1)：97－115.

⑥ 吴勇，陈通. 产学研合作创新中的政策激励机制研究 [J]. 科技进步与对策，2011，28 (9)：109－111.

⑦ 霍静波，尤建新. 研发人才区域性流动的进化博弈分析 [J]. 同济大学学报（自然科学版），2015，43 (7)：1116－1122.

⑧ 曹国华，赖苹，朱勇. 节能减排技术研发的补贴和合作政策比较 [J]. 科技管理研究，2013 (23)：27－32.

⑨ SANG S J. Optimal models in price competition supply chain under a fuzzy decision environment [J]. Journal of intelligent and fuzzy systems，2014，27 (1)：257－271.

诸多的因素[①]，本书仅基于 Stackelberg 博弈模型对政府部门与污染型企业进行博弈分析方面的探讨，进一步的研究还可以从以下几个方面深入展开[②]：政府机构与污染型企业之间的重复博弈研究[③]、企业反应与政府政策保持动态一致性的问题研究[④]、相关政策能否满足机制设计基本约束的研究[⑤]等。

此外，污染型企业在实际生产和运作过程中，其产生的废水、废气和固体废弃物的种类、数量、浓度等，具有较为明显的行业特征，且与污染型企业所处的地域有很大的关系。所以，某些具体问题可依据污染型企业所在行业的特点、地域特征等，作有针对性的分析与研究。例如，排污问题中政府部门对非法排污企业征收的罚款，其制定的依据可以在不同行业、地域中有所区分。若高污染性行业、高利润企业或污染型企业位于经济较为发达的地区，其非法排污行为缴纳的罚款是否可相应地有所提高，值得进一步分析和讨论。

同时，本书虽然运用相关模型对环保问题的监督与治理进行研究，但环保问题本身具有较强的实践性，后续可进一步结合具体的实例进行深入分析和讨论，以提高相关结论的应用价值。

---

① 关华，齐卫娜，王胜洲，等．环境污染治理中企业政府间博弈分析［J］．经济与管理，2014，28（6）：72－75．

② GUAN H，QI W N，WANG S Z，et al. Game analysis for environmental pollution treatment between enterprises and governments［J］．Economy and management，2014（6）：72－75．

③ 姜博，童心田，郭家秀．我国环境污染中政府、企业与公众的博弈分析［J］．统计与决策，2013（12）：71－74．

④ 王乐，武春友，蒋兵．我国环境污染事故发生的博弈分析［J］．现代管理科学，2010（7）：31－33．

⑤ MORRISON K D，KOLDEN C A. Modeling the impacts of wildfire on runoff and pollutant transport from coastal watersheds to the nearshore environment［J］．Journal of environmental management，2015，151：113－123．

2 基于污染型企业环保问题政府管理机制的思想理论基础与管理实践分析

2.1 基于污染型企业环保问题政府管理机制的思想理论基础

2.1.1 环境容量约束理论

作为环境管理与科学的基本理论，环境容量约束理论是以总量控制为基础对污染物的排放进行监管和治理的政府管理机制的理论前提条件，同时兼具社会属性与自然属性，分别体现了社会及公众的外在发展条件和自然生态系统的内涵特征。[①]“环境容量”这一概念最早来源于生态学，后由日本专家学者将其应用在环境管理与科学领域中，指的是在不危害某一地区的自然环境条件和社会公众利益的前提条件下，该地区本身可以承载的最大污染量，又被叫作“环境承载力”。[②]

从本质上来说，环境容量也是自然生态资源的一种特殊的表现形式，与自然资源一样具有资源有效性和物质有限性的性质，以及区域差异性、内外部环境综合影响作用、用途广泛等特点。[③] 因其可以维持自然生态与环境系统的正常运转、保障人类生产活动的有效进行，故又被称为“环境容量资源”。作为一种功能性资源，与气候资源、水资源和土地资源等一样，具有一定的实际应

---

① MONTERO J P. Market power in pollution permit markets [J]. The energy journal, 2009, 30 (2): 115 - 142.

② 昝晓辉，田红. 环境容量管控的实现路径 [J]. 黑龙江社会科学，2015 (2): 86 - 88.

③ 白辉，高伟，陈岩，等. 基于环境容量的水环境承载力评价与总量控制研究 [J]. 环境污染与防治，2016 (4): 103 - 106.

用价值，并可以重复循环使用。[①] 与此同时，依据环境组成元素的不同构成方式，环境容量主要包括三种类型，分别是水环境容量、土地环境容量以及气候环境容量等。[②] 虽然人类可以利用先进的科学技术，对环境容量的内在结构体系进行优化，但环境容量的承载量是有一定限额的，即具有环境容量约束，如果向外界环境排放的污染物的总量超过环境容量约束，将会对环境容量的功能性产生不可逆的破坏性影响。

总的来说，环境容量主要包含以下几个主要特性[③]：①客观性，即环境容量作为一种兼具自然属性和社会属性的功能性资源，是真实客观存在的；②有限性，对某一地区而言，所在地的自然生态系统和人类活动系统的机构与功能是稳定的，即该地区的环境容量具有一定的限额，这种有限的环境容量是一切生命活动进行的前提和依据；③稀缺性，伴随着人类社会的不断进步和发展，人类对环境容量的需求是与日俱增的，但可供人类使用的环境容量的数量是逐渐减少的，二者的供需矛盾造成了环境容量的稀缺性；④变更性，环境容量受到自然和人类的共同影响，当自然条件良好、人类合理处理污染物的排放时，环境容量会得到优化，反之环境容量会受到不同程度的削减；

⑤非积储性，环境容量本身无法储备，如果没有对其加以合理利用，则会造成环境容量的浪费，因此需要人类及时确定环境容量的正确使用方式。

2.1.2　清洁生产

作为一种环境友好型的生产方式，清洁生产是实现工业持续循环生产的重要基础，同时也是实现绿色生态工业的必要手段。清洁生产指的是将环境标准和环境目标贯穿于整个工业化生产过程中，是工业生产方式和工艺的全面变

---

① 李庆福，张淑琴，李茹．环境容量计算方法探讨［J］．环境保护与循环经济，2013，33（3）：67－68.

② 邢秀凤．区域环境容量、产业结构与经济发展质量关系研究：以山东济南和青岛两市为例［J］．生态经济，2015，31（7）：65－69.

③ VANDEN K F，OLMSTEAD S. Moving pollution trading from air to water：potential，problems，and prognosis［J］．Journal of economic perspectives，2013，27（1）：147－172.

革，提高了生产的生态效益，建立了经济集约型工业生产体系。[①] 即通过专业的绿色生产技术，对工艺生产流程和生产管理方式进行根本性改革，如通过使用清洁原料、排放达标污染物、建立环境管理体系等措施，最终实现工业生产的环境友好目标战略。在清洁生产实施的过程中，需要着重提高资源的利用率，注意降低污染物的排放，确保所用材料及生产废弃物的无公害化和回收重复利用。

2.1.3 生态工业学

生态工业学是以生态学为基础建立一种全新的工业体系，并将工业化生产与生态环境保护和谐统一。在新型的生态工业系统中，由传统的单一生产方式变革为一体化的工业模式，提高能源材料的利用效率，加强对生产废弃物的回收重复利用。因此，生态工业学是自然环境、工业生产和人类活动三者关系的总和，是一种提高工业生产效率、优化能源材料结构体系的有效途径，更是一种综合回收循环利用的封闭式优化框架。[②] 通过把生态工业学切实落实到实际工业生产实践中，可创建一种全新的生态经济生产运作方式，有效解决存在于生态自然与人类社会之间的矛盾，在社会经济建设得到长久持续发展的同时，共同开创经济效益、环境效益、社会效益三者共赢的有利局面，达到可持续发展的最终目的。

在生态工业学的实践应用中，主要采用两种分析方法，即定量研究与定性研究相结合，对具有绿色生态特性的产品，重点研究其工业生产运作对外界环境和社会公众产生的不利影响，并分析问题产生的原因和解决问题的具体方法。[③] 具体而言，生态工业学主要体现了三个核心观念[④]：①全程性，即整个

---

① 王永志，白洁．清洁生产在低碳经济中的战略地位与实践探析［J］．环境保护与循环经济，2010，30（7）：35－38．

② 吴素芳，张鹏飞．中国生态工业示范园区的建设要点探讨［J］．绿色科技，2015，（7）：245－246．

③ 李春发，王治莹．生态工业链中企业间合作关系的演化博弈分析［J］．大连理工大学学报（社会科学版），2012，33（3）：12－17．

④ 蒋燕敏．生态工业示范园区标准的思考［J］．环境科学与管理，2015，40（5）：148－151．

工业生产包括从原料到最终产品和服务的全过程，应该是绿色生态的，对外界环境不会产生负面影响；②一体性，即自然环境与工业发展二者之间本身构成了不可拆分的有机整体，二者之间具有密不可分的联系并共同作用；③全局性，即把工业生产内部的生态经济效益扩展到整个环境体系中。

2.1.4　循环经济理论

作为一种将传统的粗放型经济增长方式转变为节约型生态方式的变革，循环经济将通过资源的消耗获取经济发展转变，并通过资源的循环回收利用实现经济效益与环境效益的双赢局面。[①] 简单地说，循环经济又被称为"物质闭环流动型经济"，指的是将清洁生产、优化材料能源的利用形式、回收利用废弃物纳入生态设计和生态物质、能量、资源的综合闭环循环利用方式过程中，倡导以"利用高效率、排放低污染"为特征和以"资源—生产—再生"为目的的生态经济模式。[②]

在具体实践中，全面实施循环经济可以遵循三个原则，即减量化原则、回收利用原则和循环使用原则。[③] 其中，遵循减量化原则是科学有效进行循环经济的重要前提条件。因为几乎在任何生产活动过程中都会或多或少地产生污染废弃物，所以在污染废弃物的处理方式上首先是尽可能地减少污染废弃物的产生，其次是对其进行回收循环利用，最后是采用科学有效的方式进行处理，即通过对资源和污染废弃物的循环使用，提高利用效率和配置效率，减少人类经济活动对外界环境的破坏作用。此外，循环经济也是一种新型经济技术发展模式，主要涉及三种不同类型的循环方式，即企业自身内部的循环经济、不同企业之间的循环经济以及整个大社会环境的循环经济。

因此，循环经济不仅改变了人类固有的思维模式和实践模式，解决了人类

---

① GOULDER L H, PARRY I W H. Instrument choice in environmental policy [J]. Review of environmental economics and policy, 2008, 2 (2): 152 - 174.

② CHÁVEZ C A, VILLENA M G, STRANLUND J K. The choice of policy instruments to control pollution under costly enforcement and incomplete information [J]. Journal of applied economics, 2009, 12 (2): 207 - 227.

③ 马江．对循环经济基本原则：减量化原则的思考［J］．生产力研究，2010（6）：17－18.

社会发展与自然环境保护之间的矛盾，更是实现了物质、能量的综合利用和可持续发展，并通过产业链的连接进一步促进了整个环保产业的蓬勃发展。

我国于20世纪末引入循环经济的基本概念形式，而后将其确定为整个国家经济社会发展的战略目标，颁布实施了《中华人民共和国循环经济促进法》等一系列法律法规。后期，党的十七大把科学发展观写入党章，把循环经济、新型工业化道路、生态文明建设作为国家更高发展的战略规划。[①]

2.1.5 可持续发展理论

“可持续发展”的概念首次在《我们共同的未来》报告中由世界环境与发展委员会最早提出，指的是“既满足当代的需求，又不危及后代满足需求能力的发展”[②]。因此，可持续发展的主要观点在于科学合理地统筹兼顾现在社会与未来社会的共同发展，有效协调经济、生态、资源、环境以及人类社会等不同重要因素之间的联系与作用，全面实现共同发展的未来新型发展模式。

从最终目的来说，可持续发展是为了实现基于社会经济和生态环境协调统一的人类美好生活；从条件方法上来说，需要综合使用技术手段和非技术手段对物质、能源、生态、环境进行保护，并且人类的社会发展不能逾越环境容量。因而，可持续发展具有三个有效特征，即持续性、公平性以及整体性。[③]

回顾人类社会的发展历史，可持续发展这一科学理念的提出是对人类历史的客观总结，也是对未来长远发展的唯一可行的理性选择。在可持续发展科学理念的影响下，多个世界组织相继出台了一系列法案和宣言文件，并将可持续发展作为国家发展的理论指导和战略目标。[④]

2.1.6 规制理论

一般来说，规制理论是当市场机制无法发挥作用时，政府部门所采取的管

---

① 陈旭，夏长龙．市政规划与循环经济分析［J］．黑龙江科学，2016（6）：152－153.

② 李强．可持续发展概念的演变及其内涵［J］．生态经济，2011，27（7）：87－90.

③ 刘娜，古安伟．可持续发展观下企业社会责任概念新解［J］．社会科学战线，2013（2）：268－269.

④ 张彧．从生态到低碳：可持续发展概念的历史演变［J］．建筑与文化，2010（12）：74－75.

制措施，涉及经济社会的宏观层面和微观层面。针对污染型企业向外界排放污染物的行为，目前政府部门使用的规制干预手段主要是命令型规制方法和激励型规制方法两种。①

其中，命令型规制方法是使用较早、应用范围较为广泛和成熟的政府管理手段，指的是为所有目标企业建立统一的污染治理标准，并形成一套与之相对应的法律法规和政策文件，包括规定企业使用的环保治污设备技术的标准和企业需要达到的污染物达标排放标准的绩效标准。命令型规制方法因标准制定的便捷性和管理结果的易测量性而得以广泛应用，但在其使用期间也逐渐显露出自身存在的局限性：第一，该规制方法只是将所有的目标企业作统一考虑，而忽视了企业与企业之间在生产运作特点、环保治污设备技术、治污成本等主要要素上存在的差异②；第二，该规制方法只是单纯采用某种命令方式进行管理，无法对企业主体产生更多的治污激励作用，使得企业治污效率低下；第三，规制管理涉及面较多，实施过程较为复杂，实施的成本相较于传统方法较高，且其管理的实施效果具有短期效应，不能够在长时间内进行维持。区别于命令型规制方法的不足之处，激励型规制方法是一种对社会公众和生态环境同时实现有效管理的经济工具，可通过市场机制的灵活性，以合适的低成本达到某一政府部门的治污要求，即企业自身可以自由选择适合企业发展的、对企业具有经济效益的某种方式来达到政府部门的环保要求，即企业的经济利益与政府部门的环境效益和社会效益可以共同实现。现阶段，我国政府机构使用较多的激励型规制方法主要包括排污费制度、排污权交易制度、向外界征收环境保护税等。③

---

① 崔妍．国外政府规制理论研究述评［J］．学理论（上），2015（1）：51－52.

② 曹永栋，陆跃祥．西方激励性规制理论研究综述［J］．中国流通经济，2010，24（1）：33－36.

③ 张波．政府规制理论的演进逻辑与善治政府之生成［J］．求索，2010（8）：62－64.

2.2 污染型企业的环保问题

2.2.1 污染型企业的基本情况

1. 污染型企业的含义、特点

污染型企业指的是在实际生产与运作期间产生的污染废弃物对社会公众和周围环境具有一定影响与破坏的企业。[①] 依据产生的污染废弃物的来源不同，污染物主要包括三种不同类型，即废水、废气和固体废弃物，并据此将这些污染废弃物对外界社会自然环境的不良影响分别划分为废水污染、废气污染、固体废弃物污染。这些严重危害生态资源和自然平衡的污染物，不仅使广大人民群众的健康受到了影响，也损害了企业自身建设与发展的长远利益。

污染型企业目前主要集中在如食品、纺织、造纸等轻工业领域和电力、水利、化工、钢铁、冶金等重工业领域，这些特定行业领域关系到国计民生，是经济发展的基础产业，也是社会进步的重要支柱。因此，作为促进经济发展、社会进步的污染型企业，首先其存在是人类发展的需要，不仅极大程度地促进了生产的进步和社会的发展，同时也提高了人类的生活质量，即共性特点；其次是分布在不同行业领域的企业，因自身性质原因不可避免地产生具有不同性质特点的污染物，即个性特点。

2. 污染型企业对环境的影响

污染型企业在推动社会发展与促进经济进步方面作出了重大贡献，却在根本上不重视人类社会与自然生态二者之间的和谐共同发展，使得全球范围内的自然生态系统在不同程度上遭到了不可逆转的破坏，产生如土壤污染、水污染、大气污染、全球气候变暖、臭氧层空洞、土地沙漠化、酸雨、沙尘暴等严重的环境问题。

---

① 吴安平，晁莉．大气污染型企业环境绩效审计的探讨［J］．长春大学学报，2016，26（9）：38－41．

为了保护人类赖以生存的地球和生态资源，全球多个组织和部门提出了诸如环境管理标准体系、可持续发展战略等来应对环境危机。作为一个发展经济与促进社会进步的重要因素，企业自身需要切实落实其环保目标，实现整个地区、国家甚至全球范围内的良性循环和可持续发展。

2.2.2 我国环境污染治理现状

改革开放以来，我国在社会经济方面虽然取得了丰硕成果，但环境污染和生态破坏现象不断出现，环境安全事故时有发生。不仅严重危害生态资源和自然平衡，使广大人民群众的健康受到了影响，也损害了企业自身建设与发展的长远利益。

1. 水污染治理状况

近几年来，我国加强对水污染的治理，目前水域污染问题虽然得到了一定程度的缓解，但仍然存在着诸多环保隐患。总体来说，我国地表水的污染情况依旧较为严重、地下水水质一般、废水污水排放量居高不下、近海海域水质下降。[①] 其中，七大水系污染指数为轻度污染，河流湖泊的水质呈现富营养化，主要污染物为氮、磷及其化合物。水质较好的地下水所占比例仅为全国的50%左右，水质不高的地方主要位于我国北方地区。全国排放的废水污水中的氮氧化物含量仍处于较高水平。近海海域水质主要为轻度污染。

2. 大气污染治理状况

我国在经济建设的同时，提出了一系列大气污染治理的战略目标，并将其作为和谐社会和科学发展观的主要发展规划。目前，我国通过调整和改变产能结构，革新工业生产模式，淘汰高能耗、高污染排放行业，大气污染治理工作取得了卓有成效的效果。具体来说，全国单位能源消耗成本及其消耗总量呈显著下降趋势，四种大气主要污染物，即工业粉尘、烟尘、二氧化硫和化学需氧

① 赵冬生．政府治理跨界水污染的合作协调治理模式研究［J］．水利规划与设计，2016（12）：28－29.

量的排放得到了有效的控制，呈现显著下降趋势。[①] 但与此同时，生活废气的排放量依然较为严重，减排成果不明显，导致了酸雨现象频出，且由以往的硫酸型酸雨向硫酸型和硝酸型混合酸雨过渡。此外，我国北部目前绝大多数城市经常出现雾霾天气、PM2.5 空气污染的状况。因此，虽然我国大气污染治理近期内取得了一定的成效，但部分地方仍旧存在大气污染较为严重的情况，并且我国大气污染治理成效与国外发达国家相比还存在着较大的差距。

3. 固体废弃物污染治理状况

与废水、废气等不同，固体废弃物不仅仅是污染物的源头，也是其他污染物形式最终的富集状态，因而对环境的污染危害较大，治理具有一定的难度，治理方式上也具有其自身特点。[②] 固体废弃物主要通过渗入土壤、进入河流湖泊以及凝聚在空气中进行迁徙和传播扩散。

我国固体废弃物的排放量曾一度高于国家 GDP 的增速，政府部门通过调整和改进产能结构，完善和实施一系列环保法律法规，加大节能减排力度，有效降低固体废弃物的排放数量，显著提升污染废弃物的循环利用效率。[③]

2.2.3 环境问题出现的原因

1. 思想根源

从思想的角度来说，人类中心主义思想是环境问题出现的主要原因[④]，即以人类为核心是人类开展所有生产生活的根本出发点，以人类至上为原则，忽视了自然生态环境是人类社会进步和经济发展的前提条件。

虽然以个人为中心是一切生物生存和进化的法则，但一切法则的实现都有赖于一定的前提和基础条件。从人类自身角度来说，自然生态必然不从属于人

---

① 张伟，王金南，蒋洪强，等.《大气污染防治行动计划》实施对经济与环境的潜在影响 [J]. 环境科学研究，2015，28 (1)：1 -7.

② WANG H，WHEELER D. Financial incentives and endogenous enforcement in China's pollution levy system [J]. Journal of environmental economics and management，2005，49 (1)：174 -196.

③ 袁丽静. 城市固体废弃物规制模型和政策评价研究 [J]. 宏观经济研究，2016 (2)：64 -69.

④ ABE K，SAITO M. Environmental protection in the presence of unemployment and common resources [J]. Review of development economics，2016，20 (1)：176 -188.

类社会，相反，自然生态与人类社会具有共同依存、共同作用的和谐统一关系。如果单独地坚持人类中心主义，将大力发展生产作为人类社会进步的核心任务，无视环境的作用和影响，势必遭受来自自然环境对人类社会发展的不利影响。

2. 经济根源

从本质上说，资本具有两大逻辑体系目的，即价值增值逻辑体系目的和强调消费逻辑体系目的。[①] 作为价值增值逻辑体系目的的资本，迫使人类不断改进生产工具提高劳动生产力，推动社会经济的进步，乃至以破坏生态环境为代价来取得短期利益，而忽略人类社会与经济发展的长期目标。作为强调消费逻辑体系目的的资本，使得人类重视社会发展和经济进步带来的成果，这种消费意愿如果无法在短期实现，人类会无视生态环境自身的承载能力而进行强取豪夺式的过度开发与利用。

当人类社会出现环境问题时，污染环境和破坏生态是一种具有一定负外部性效应的行为，相反，保护自然生态和环境是一种具有正外部性效应的行为。[②] 具体来说，当个人污染、破坏环境的成本小于环境问题给全体社会造成的负面影响时，人类有进一步破坏环境的行为动机；当个人保护环境得到的效益小于环境保护对全体社会的积极影响时，人类会缺乏进行环境保护的有效激励。因此，基于环境的外部性特征，环境污染和破坏现象日益加剧，治理具有一定的困难。

3. 科技根源

科学技术本身是一把双刃剑，人类享用先进的科学技术给社会生产和生活带来的成果与便利，是人类合理使用科学技术改造自然的结果。当人类忽视科学技术的使用限制和应用条件，肆意地战胜自然，甚至对环境产生不可逆的破坏作用，必将受到科学技术对人类社会和自然环境造成的负面影响。

---

① ESTY D. Regulatory transformation: lessons from connecticut's department of energy and environmental protection [J]. Public administration review, 2016, 76 (3): 403-412.

② PROCTOR J D. Replacing nature in environmental studies and sciences [J]. Journal of environmental studies and sciences, 2016, 6 (4): 748-752.

科学技术包含双重属性，即社会属性与自然属性，具有一定的双面效应。[①]科技的社会属性指的是科技的快速发展会给社会和自然带来多种形式的效果，因而无法确保所有效用的实现都是合理的；科技的自然属性指的是科学技术本身具有的内在规律，但人类在探究了解这些内在规律时的认知水平是有限的，因而容易造成对科学技术不合理、不正确的使用。

2.2.4 环境保护的成效及存在的问题

目前，环境保护已经取得了一定的成效，但仍存在一些问题。[②] 首先，伴随着我国社会的进步、经济的发展，对自然资源的需求越来越多，并排放出大量有害废弃物，对环境产生了相当大程度的破坏。近几年以来，我国大力实施经济发展模式的转变，将以粗放型为特点的传统经济增长方式转变为以节约型为特点的新型经济发展方式，同时积极推行保护环境基本国策，逐步建立和完善环境保护的法律法规，使得污染治理取得了一系列的成效；不断提高能源和自然资源的回收循环利用效率，使得单位 GDP 能源和自然资源的消耗量不断下降。但相较于国外发达国家，我国单位 GDP 能源和自然资源的消耗量仍然居于高位。

其次，针对我国日益严重的环境污染和破坏问题，我国政府从“七五”开始逐年加大在环境保护和污染治理方面的投资，并且治理环境污染和保护环境生态的投资所占整个国家 GDP 的份额逐年增长。但由于我国前期环境污染与破坏情况较为严重，现阶段环境保护和污染治理的政府投资份额仍然存在缺口，需要进一步加大环保和治理的力度。

最后，我国幅员辽阔，部分地区因环境保护不力出现了森林覆盖率较低、生物多样性受到威胁、水土流失严重、土地沙漠化、草场退化等一系列具体的环境问题，因此国家在这些重点区域有针对性地建立了生态保护区，以应对生态危机，如三北防护林工程、封山育林工程以及退耕还林、退牧还草工程。但

---

① ZELEÒÁKOVÁ M, ZVIJÁKOVÁ L. Risk analysis within environmental impact assessment of proposed construction activity [J]. Environmental impact assessment review, 2017 (62): 76 - 89.

② 周生贤. 我国环境保护的发展历程与成效 [J]. 环境保护, 2013, 41 (14): 10 - 13.

因为我国正处在工业化、城镇化的进程中，对自然资源和能源物质的需求压力仍旧存在，生态环境保护的任务依旧十分艰巨。

2.2.5 生态环境保护的挑战

虽然我国在环境保护方面取得了一定的成效，但在污染治理方面仍然存在问题，尤其在大力发展生态经济、推行绿色工业进程中依然面临着诸多挑战。

一方面，提高人民生活质量是我国经济发展的目的所在，但随着社会的不断进步，人民对生活水平的认识层次不断加强，高水平的生活质量同样包括良好的自然生态环境。因此，提高自然生态需求是不断提高生态经济建设水平的一个重要挑战。另一方面，与中国快速增长的经济水平相对立的是我国整体自然生态环境水平与世界平均水平的差距，这种不容乐观的环境情况直接影响了我国生态经济的建设和绿色工业化的可持续发展。尤其是这种生态供给紧张的局面与日益增长的人民生态需求的矛盾，更是我国今后绿色工业化进程中所不得不面临的又一个严峻挑战。

2.3 政府管理机制的现状与困境

2.3.1 环境政策和国家规划

1. 环境政策

从具有内在效用的环境意识，到国家出台的环境政策，体现的是政府部门和社会公众对保护环境和污染治理的不断重视。环境政策是一项对污染或破坏环境的行为进行限制和约束、监督和管理、协调和改善的机制，其目的在于实现环境的可持续发展。除环境政策外，政府部门也先后颁布实施了一系列与之相对应的法律和规章制度。

目前，我国出台的环境保护政策主要有：收取排污费制度，以达到促进污染型企业在自身内部加强环保治污设备技术的使用、减少污染废弃物排放量；减少特殊行业出口退税政策，主要针对高能耗和高污染的行业，减少出口退税额，限制特殊行业的过快发展；生态补偿机制，运用市场和行政的调节机制，共同维护在自然环境及生态保护方面具有高度关联性的多方主体；绿色信贷政策，通过银行体系加大对环境保护和生态建设行业发展的支持，以及已经在进行试点工作的环境税收政策。[①]

我国政府部门实行的环境政策，在污染治理和生态经济的可持续发展上取得了显著成果，同时也具有一定的特点：综合运用国家强制手段、市场调控和社会公众参与，由政府部门和污染型企业共同承担污染治理，以及预防为主、防治结合、综合治理的环境保障。[②]

2. 国家规划

20 世纪末期，我国在人大八届四次会议上通过的《中华人民共和国国民经济和社会发展“九五”计划和 2010 年远景目标纲要》中确立了 2000 年和 2010 年保护自然生态环境的主要任务，与我国遵循可持续发展的环境保护目标保持一致。

进入 21 世纪后，我国总结前期环境保护和生态经济建设取得的成功经验，根据工业转型发展和城镇化建设新的历史需求以及自然资源环境面临的新的历史挑战，先后颁布实施了一系列的国家规划方针。[③] 2005 年政府部门出台了《国务院关于加快发展循环经济的若干意见》，依据“减量化、再利用、资源化”的原则，努力推进循环经济，共同积极构建环境友好型和资源节约型社会。2006 年我国出台的《中华人民共和国国民经济和社会发展第十一个五年规划纲要》指出了建设实施循环经济的主要方式和应用行业领域。2012 年国务院发布的《“十二五”循环经济发展规划》提出了建设生态文明的基本方式途径。2013 年政府部门通过的《大气污染防治行动计划》，针对珠三角、长三角和京津冀等经济发达区域出现的严重空气污染问题提出了 2017 年综合治理规划和保护目标。

---

① 夏光．环境保护社会治理的思路和政策建议［J］．环境保护，2014，42（23）：16－19．

② 何利辉．促进生态环境保护的财税政策探讨［J］．财政科学，2016（7）：118－125．

③ 俞海，张永亮，任勇，等．“十三五”时期中国的环境保护形势与政策方向［J］．城市与环境研究，2015（4）：75－86．

3. 环境政策和国家规划存在的问题

我国政府部门在环境保护和污染治理方面提出了多种有针对性的环境政策和国家规划，切实推进生态环境保护工作和绿色生态经济的可持续发展。但与世界发达国家先进的环境保护和污染治理措施相比较，我国的环境政策和国家规划也存在可进一步改进和完善的空间。①

在污染治理目标方面，我国遵循的是以总量控制为基础的污染控制与治理目标，并依据“逐步提高、可操作”的实施原则在实际管控中进行有效的落实。在管理实践中，可以进一步结合考虑成本与收益关系、技术动态进步等因素在设定污染治理目标时的关键作用。

在环保管理机制的监管方面，除采用个人责任制来确保命令与控制措施的顺利进行，市场调控以及社会公众参与等环保管理措施多需要社会各个层面的监督。并且在进行监管的过程中，因经济与环保之间的内在矛盾、监管者与污染者部分利益的一致性、监管方人力物力财力的相对短缺，使得实际的监管效果较为有限。因此，后期的实施可以充分利用信息披露机制，充分调动社会公众的积极性，实施自愿主动的环境政策和国家规划。

在利用科学技术治理环境污染和破坏方面，环保科技专业人才匮乏、创新能力不足。在科技治污领域，需要进一步加大资金投入力度，提高环保科技水平的应用率和转化率，建立健全科技创新机制，确保环保产业的长期有效发展。

2.3.2 污染型企业监管的现状及困境

1. 污染型企业监管的现状

从整体上来说，目前我国对污染型企业的监管机制主要实行国家规制与地方各级、各部门规制相结合的综合监管机制，即利用中央，各省、市、地区，

① 张东亮，徐晶．浅谈我国环境保护政策与其存在的问题［J］．科技视界（学术刊），2015（19）：214.

各政府部门自上而下的组织结构，实行纵向和横向相结合的监管机制。①

在污染型企业监管机构的设置上，首先，由全国人大组织起草、完善相关环境保护方面的法律文件；其次，从中央到地方政府依此设立生态环境部、环保厅、环保局等行政机构，履行国家、各地方的环境问题的监管工作；再次，在国家和地方之间设立区域环境督查机构，加强上下级地区之间的协调工作，在各地方设立土地、林业、水利等职能部门，辅助针对污染型企业环保问题的监管工作，各污染型企业内部同样设立环保部门，负责企业与政府的联络工作。

在污染型企业监管机制的政策实施上，主要以《中华人民共和国环境保护法》为核心基础，涉及环境标准、环境影响评价、环境经济政策等多个关键环节，构建一套科学、规范、有效的污染监管标准结构体系。该体系结构主要包括国家环境标准、地方环境标准以及环境保护行业标准，分为标准样品、污染废弃物、环境基础、环境质量与检测四大方面。②

对于尚未建设以及处于筹建中的污染型企业，政府部门制定了环境影响评价制度和“三同时”制度来判定企业是否满足行业准入规则与环境保护标准。环境影响评价制度包括污染型企业周围环境的状况、污染型企业对外界环境和社会公众影响的预测和评估、污染型企业环境保护措施等主要内容。同时，污染型企业在满足环境影响评价要求后进入建设阶段时，相关环保治污设备技术也要同时进行规划、建设和使用，即满足“三同时”制度。对于可能对周围环境和社会公众造成严重影响的污染型企业规划建设项目，政府部门采取听证会的形式，征询有关专家、群众对企业环境影响的建议和意见。

对于已经建成并投入使用的，尤其是具有较长运作时间的污染型企业，政府部门实行污染物总量控制和污染物浓度控制相结合的管理机制方法。污染型企业排放的污染物不仅其总量不能超过规定的上限，其浓度也需要满足规定的

---

① 陈瑾，程亮，马欢欢．环境监管执法发展思路与对策研究［J］．中国人口（资源与环境），2016，26（A1）：509－512．

② 李宏伟，邓小刚．我国环境监管体制改革的方向与路径［J］．中国党政干部论坛，2015（10）：50－53．

要求。在实行以总量控制为基础的监管机制的同时，加以实行浓度控制，是为了有效避免企业假装达标向外界排放废弃物和污染物的特殊情况。

在污染型企业进入实际生存运作期间，政府部门主要采用内、外部检查和社会公众监督举报机制，对企业运营期间的污染废弃物排放情况进行科学合理规范的监管。其中，内部检查指的是污染型企业自身对企业内部的排污情况的自我监测，并实时上报上级环保部门。外部检查指的是上级环保部门以定期或不定期的形式对污染型企业向外界排放污染废弃物的行为予以监测。社会公众监督举报机制主要是以公众向有关机构进行投诉建议或信访的方式进行。

2. 污染型企业监管的困境

目前，政府部门对污染型企业环境污染与破坏行为监管困难的原因一方面是污染型企业环保意识不强，另一方面是政府部门监管技术手段和专业化水平有待进一步加强。

污染型企业保护生态环境的态度意识，尤其是管理人员是否强调环境保护问题的重要性，直接决定了企业内部是否能够积极投入环保治污设备技术，影响企业员工的环保意识，使污染治理工作在基层顺利实施，确保企业减少排放污染物，维护周围良好自然生态。受传统发展观念的影响，污染型企业的管理人员更多地考虑短期的经济效益，轻视长期的社会和环境效益，且过多的环保治理设备技术的投入会弱化企业在外界市场中的优势竞争属性。因此，大多数污染型企业缺乏环境责任、减少环保投入，甚至对政府部门的监管存在抵触心理，即使发生了环保问题事故，也倾向于将问题推给政府。

政府部门目前虽然对污染物排放实行以总量控制为基础的监管机制，但总量控制只是一个整体的概念，具体针对不同污染物的科学评估方法和技术手段，有待在专业性上进一步加强。且政府部门在对污染型企业进行监测时，因监测工具技术水平不高、检测人员专业化程度一般、企业提前对监测进行防范，使得政府部门对污染型企业的排污行为的监管不够真实准确。此外，政府部门管理者在现实生活中也容易为政绩削弱环保政策执行力度、向公众隐瞒环保安全隐患，甚至在监管过程中存在贪污腐败的不法行为。

2.3.3 污染问题监管难的原因分析

1. 污染型企业的内在原因

从污染型企业自身角度，影响其内在污染治理能力的原因包括成本限制、规模治污约束、技术制约和专业人员缺乏等。①

（1）成本限制。对于污染型企业而言，其投入到企业生产运作的成本是一定的，增加环保治污设备技术的投资，势必导致整个污染型企业的成本增加。这种成本上升会使得污染型企业在竞争异常激烈的市场环境中无法占据有利地位，最终导致企业利润下降，甚至出现亏损倒闭的不利局面。因此，污染型企业容易因考虑短期的经济效益而忽视长期的社会效益与环境效益，尽量减少环保治污设备技术投入，或实际运营中很少使用已经建设完成的环保系统，仅将其当作防范政府部门检查的工具。

（2）规模治污约束。在处理生产过程产生的污染物时，会存在治污成本，并且这种成本具有一定的规模效应，即治污成本只有在产生一定污染物数量范围内才会呈现递减趋势。当污染型企业本身生产规模有限时，产生的污染物数量在实际治理过程中无法形成规模效应，势必额外增加污染型企业的成本，不利于污染型企业进行长期的治污处理。

（3）技术制约和专业人员缺乏。污染型企业在治理产生的污染物时，因技术设备科技水平不高、专业人员专业素养有限，使得有关污染治理方面的知识技能掌握不全面或缺乏获取专业信息技能的途径，无法有效提高污染治理效率、降低单位污染治理成本。

2. 污染问题监管体制方面的原因

从污染问题监管体制角度，影响政府部门对污染型企业环保问题进行监管的因素主要包括管理者职责划分不明、领导才能有限，部分环保部门地位弱

---

① HUAN Q Z. Regional supervision centres for environmental protection in China：functions and limitations [J]. Journal of current Chinese affairs，2011，40 (3)：139 – 162.

化、部门领导忽视长远环境效益，环保标准与法律的监管力度不强等。[①]

（1）管理者职责划分不明、领导才能有限。因政府部门对污染型企业环保问题的监管涉及范围较广、体系结构较复杂，所以我国政府一般实行分行政区域、分部门共同监管的方式。但因环境本身具有公共性，一旦发生环境问题不仅使当地受到严重危害，也会给其他地区造成不良影响。因此，多地政府部门在对环境问题进行监管和治理时，容易发生“搭便车”行为，影响污染治理效果。同时，在对污染型企业污染问题进行监管时，不仅涉及自上而下的多级环保部门，也包括农业、土地、林业、水利等相关部门。因不同政府部门的权利范围和利益目标不同，污染问题监管机制的制定和实施的协调问题变得尤为重要。

（2）部分环保部门地位弱化、部门领导忽视长远环境效益。作为对污染型企业环境保护问题进行监督管理的主要执行者，当地环保部门会同时受到本级政府单位与上级环保机构的共同领导。在双重指挥下，当地环保部门的地位相对弱化，职责不明。并且政府部门领导的任期有限，而环境保护成效显现时间相对较长，因而容易产生追求短期经济效益，忽视长远环境效益的不正当政绩观。

（3）环保标准与法律的监管力度不强。政府部门针对污染型企业污染问题制定的环保标准缺乏前瞻性，不具有市场规范和长期引导的效用。部分环保标准与国际环保标准平均水平有差距，且与污染型企业实际治污情况不匹配，标准过严使得污染型企业技术上或经济上无力承受；标准过于宽松又影响环境保护目标的实现。同时，标准本身不具有法律约束性，因此在实际实施过程中容易出现无法强制执行的情况。此外，我国关于环境保护方面的法律，主要对污染型企业的环境危害或破坏行为进行约束和惩处，而对环保问题监管机制的执行者与管理者的规范约束涉及较少，内容也相对简单。

---

① RAN Q K, LUAN S J. Implementation of environmental supervision on promoting environmental impact assessment system [J]. Advanced materials research, 2013, 788 (4): 325 -328.

2.4 政府管理机制的主要环节

2.4.1 政府部门对污染型企业的监管问题

因环境保护涉及范围较为广泛、涉及主体较为复杂，单纯依靠政府部门的监管机制，实际执行实施效果相对有限。因此，国家及地方政府鼓励社会公众对污染型企业的污染行为进行监督举报，并建立了信息披露公开制度。[①] 作为一种针对污染问题的非规制监管工具，信息披露公开制度主要借助社会公众、舆论压力、市场机制等对污染型企业进行监督，使得企业自身提高污染治理能力。同时可以有效节约政府部门监管机制执行过程中的人力、财力、物力，提高社会公共资源的使用效率。

2.4.2 环保治污设备技术成本分摊

部分污染型企业因自身能力有限或治污成本过高，无法达到政府部门规定的环保标准，成为政府环保问题监管和治理机制的重点与难点。在实际生产运作过程中，污染型企业多以某一具体行业或相关行业形成工业园区，其所产生的污染物种类相近，因而污染物在处理方式上具有相通之处。因此，如果污染型企业存在共同治理污染物的可能，即多个污染型企业形成治污联盟，共同建设、购买或使用环保治污设备技术，同时将环保治污设备技术的成本进行分摊[②]，从而避免某一污染型企业单独治污成本过高或自身治污能力有限的弊端，可达到合理利用治污资源、减少治污成本、实现经济效益与社会效益最大化的目标，确保污染型企业与社会、环境的可持续协调发展。

---

① 赵美珍，郭华茹．论地方政府和公众环境监管的互补与协同［J］．华中科技大学学报（社会科学版），2015，29（2）：52－57．

② 徐丽群．低碳供应链构建中的碳减排责任划分与成本分摊［J］．软科学，2013，27（12）：104－108．

2.4.3 环保治污设备技术研发策略下的政府补贴

政府部门对具有正外部性的污染型企业，或在治理污染过程中存在技术和经济困难的企业实施财政激励措施，通常采用额外补助金、中长期低息贷款、部分税收减免等形式进行相应经济扶持。[①]

在执行补贴政策时，需要注意实施的方式方法，避免不合理的补贴发放。政府部门需要重点提高污染型产业和相关产品的补贴份额，降低甚至取消一些高能耗、高污染行业的政府补贴。同时，在对污染型产业进行补贴时，也要及时监控补贴费用的使用情况，避免污染型企业对资金的不正确使用和不必要的浪费。

2.4.4 企业非法排污问题的治理

现阶段，政府部门针对企业非法排污问题的管理措施主要包括排污费制度和排污权交易制度。

排污费制度指的是针对企业向外界排放的污染物的数量和浓度超过达标排放标准，政府部门按照有关法律法规征收超标排污费用。[②] 政府部门制定排污费制度的依据主要是污染物排放总量，制定难点在于确定科学合理的排污费率，使该费率等于污染物边际减少的收益。但因污染物边际减少的收益在实际操作中难以测量，使得确定科学合理的排污费率变得较为困难。

排污权交易制度指的是在某一范围内，污染物排放总量在许可排放量的标准下，政府部门规定污染物排放总量上限，按此上限发放污染物排放许可证，该范围内各污染单位借助交换货币，彼此之间调整污染物排放量的制度。[③] 该制度是通过建立产权制度，基于市场机制对排污许可证的产权形式实施交易保护的环保机制，并对超标排污行为进行惩罚。排污权交易制度的实施不仅激发

---

① 许家云，毛其淋．政府补贴、治理环境与中国企业生存［J］．世界经济，2016（2）：75－99.

② 许文．环境保护税与排污费制度比较研究［J］．国际税收，2015（11）：49－54.

③ 张文彬，李国平，王奕淇．企业排污权交易行为及交易制度稳定性影响［J］．经济与管理研究，2015，36（9）：96－102.

污染型企业自身提高内部环保治污设备技术水平，同时也实现了自然环境资源的优化配置和利用效率的提升。

2.5 国内外研究综述

2.5.1 国内外研究现状

1. 政府部门对污染型企业的监管问题

作为一种制度的工程化设计方法和分析方法，制度工程学认为文化与制度是现代社会对行为进行管理的两个基本工具，其中文化对行为起软约束作用，而制度则对行为起硬约束作用。[①] 二者相互补充，相互作用，缺一不可。个体在某一制度下选择某种行为，该行为对个体本身一定是最为有利的，因此从本质上说这是一种个体与制度之间的博弈。这种博弈与一般博弈有一定的相同之处，也有其自身的特点。具体来说，一方面作为被管理者的个体通过了解制度规定的内容选择使自己效用最大化的行为，其策略选择自由灵活；另一方面作为管理者的制度执行者则通过观测个体的行为并结合事先制定的制度规则选择相应的对策，其策略选择是相对固定的。这种只有一方可自由选择行为的个体与制度的博弈，与双方均可自由选择行为的一般博弈有着显著的不同之处。由于管理者只有在设计制度时拥有自由选择行为的权利，在制度实际使用时权利自然消失，因此需要在进行制度规划设计时，科学全面合理地预测所有个体后期可能出现的全部行为，确保制度设计的有效性，达到保证个体行为与制度总体目标的一致性。

董博（2015）通过多群体演化博弈模型分析了政府机构、污染型企业和群众在排污监管过程的博弈问题。[②] 王力宏等人（2014）通过构建超标排污企

---

① 孙绍荣．制度工程学：孙氏图与五种基本制度结构［M］．北京：科学出版社，2015：78－105.

② 董博．基于多群体演化博弈的排污监管问题研究［J］．现代商业，2015（23）：67－68.

业与工业园区管委会之间的博弈模型，讨论了动态方程与稳定演化策略。[①] 顾鹏等人（2013）建立排污企业与监管部门之间的支付矩阵，通过研究交互系统的均衡点，确定监管力度等要素的影响情况。[②] 胡新平等人（2012）认为监督和处罚只能获得次优化方案下的社会福利，无法获得社会福利的优化配置；政府部门确定污染治理价格标准上限，可以有效压缩监督管理成本和排污负效应，并增加污染治理企业的利润。[③] 金帅等人（2011）在分析排污权交易背景下工程项目行为特征的基础上，首先从分配排污许可证、监督管理水平、处罚方式三方面，对有效实现政府部门最优监管对策进行均衡分析，然后用社会科学计算实验方法，构建基于异质主体的排污权交易实验平台，从有限理性和非静态出发，模拟处于复杂系统中的监督管理行为。[④] 同时，Frieder 等人（2015）研究发现监管会减弱消极影响，这种负面影响源于滥用监督。[⑤] Sweeney 等人（2000）分析研究污染型企业和政府部门之间的博弈模型，讨论了在实施排污许可证环境下的企业生产活动，以达到实现总量控制目标的目的。[⑥]

2. 环保治污设备技术成本分摊

部分污染型企业因自身能力有限或治污成本过高，无法达到政府部门规定的环保标准，成为政府环保问题监管和治理机制的重点与难点。在实际生产运作过程中，污染型企业多以某一具体行业或相关行业形成工业园区，其所产生

① 王力宏，张杰，陈中伟．工业园区排污权交易监管的博弈分析［J］．统计与决策，2014（5）：57－60．

② 顾鹏，杜建国，金帅．基于演化博弈的环境监管与排污单位治理行为研究［J］．环境科学与技术，2013，36（11）：186－192．

③ 胡新平，黄波．集中治污模式下的中小企业排污监管机制［J］．现代管理科学，2012（5）：118－120．

④ 金帅，盛昭瀚，杜建国．排污权交易系统中政府监管策略分析［J］．中国管理科学，2011，4（4）：174－183．

⑤ FRIEDER R E，HOCHWARTER W A，DEORTENTIIS P S. Attenuating the negative effects of abusive supervision：the role of proactive voice behavior and resource management ability［J］．The leadership quarterly，2015，26（5）：821－837．

⑥ SWEENEY J，RIVERA C，DUFFEE，et al. Environmental effects on probation supervision strategy［J］．Corrections management quarterly，2000，4（4）：34．

的污染物种类相近，因而污染物在处理方式上具有相通之处。因此，对于上述污染型企业存在共同治理污染物的可能，即多个污染型企业形成治污联盟，共同建设、购买或使用环保治污设备技术，同时分摊环保治污设备技术的成本，从而避免某一污染型企业单独治污成本过高或自身治污能力有限的弊端，达到合理利用治污资源、减少治污成本、实现经济效益与社会效益最大化的目标，确保污染型企业与社会、环境的和谐统一和可持续协调发展。

目前，可以使用多种方法解决成本分摊问题，如大拇指法、基于边际成本法、基于活动的成本计算法、可分离与不可分离成本分摊法等。① 现阶段，合作博弈是在具体成本分摊问题中使用较多的一种方法，也越来越多地被学者广泛应用在实际中。Sánchez - Soriano 等人（2001）研究了相关问题的成本分摊博弈，证明核存在并非空，同时讨论了对应的对偶最优解。② Sánchez - Soriano 等人（2002）研究了费用的分配问题，并构建博弈模型，提出了基于平等的成本分摊解的概念，并计算出该合作博弈解的核。③ Engevall 等人（2004）分析了运输分配计划中核仁和夏普利值。④ Fragnelli 等人（2000）从公共费用出发，将公共费用问题转化为持续运作的博弈模型，确定了基于核仁的费用计算方式。⑤ Doll 等人（2003）借助夏普利值，根据国家政府部门的要求分摊相关问题成本。⑥

张启平等人（2014）对决策过程中的成本分摊进行分析研究，运用 DEA

---

① BERGANTINOS G, GOMEZRUA M, LLORCA N, et al. Allocating costs in set covering problems [J]. European journal of operational research, 2020, 284 (3): 1074 -1087.

② SÁNCHEZ-SORIANO J, LOPEZ M A, GARCIA-JURADO I. On the core of transportation games [J]. Mathematical social sciences, 2001, 41 (2): 215 -225.

③ SÁHCHEZ-SORIANO J, NATIVDAD LLORCE, et al. An integrated transport system for Alacant's students [J]. Annals of operations research, 2002, 109 (1): 41 -60.

④ ENGEVALL S, THE-LUNDGREN M G, BRAND P V. The heterogeneous vehicle-routing game [J]. Transportation science, 2004, 38 (1): 71 -85.

⑤ FRAGNELLI V, GARCÄA-JURADO I, NORDE H, et al. How to share railways infrastructure costs? In game practice: contributions from applied game theory [C]. Amsterdam: Kluwer academic publishers, 2000: 91 -102.

⑥ DOLL C. Fair and economically sustainable charges for the use of motorway infrastructure [R]. Working paper, 2003.

均衡模型建立了有效型成本分摊模型和受益型成本分摊模型。[①] 林健等人（2014）讨论了基于模糊数值偏好均值求解夏普利值的方法，解决了联盟中存在不同信息偏好的问题。[②] 杨翠兰（2012）针对知识链成本分摊问题，提出应用3个参与者进行核仁的求解方法，通过采用“并联—串联”式结构，在供应、生产、销售环节上分配成本，提高知识链的稳定性，为合作博弈成本分摊问题提供了思路。[③] 艾兴政等人（2010）通过构建价格优势竞争博弈模型，确定了联盟的博弈过程及联盟利润分摊的关键要素，并重点研究了竞争驱动、价格优势对利润分配的影响。[④] 鲍新中等人（2009）基于合作博弈理论建立了第三方集成供应的成本分摊模型，同时针对难以对夏普利值进行求解的问题，在赋值过程中，引入了集成供应的批量模型，有效解决第三方物流在经济订货方面的供应问题。[⑤]

Lin（2011）将成本分配作为决策单元，对额外增加的要素进行有效性评价，通过有效性效率和帕累托最优进行成本分配的分析研究，并对其应用的局限性给出了思路。[⑥] Agarwal 等人（2010）运用逆向规划确定了联盟参与人之间的转移支付分配方式，并求取了具有较好稳定性的核。[⑦] Drechsel 等人（2010）提出合作博弈的“列生成法”，研究了求逆向优化解的算法。[⑧] Lima 等人（2009）研究复杂系统的成本分摊问题，并明确了复杂系统在成本分配

---

① 张启平，刘业政，李勇军．考虑受益性的固定成本分摊 DEA 纳什讨价还价模型［J］．系统工程理论与实践，2014，34（3）：756－767．

② 林健，张强．具有模糊联盟值的带偏好合作对策的 Shapley 值［J］．系统管理学报，2014，23（2）：217－223．

③ 杨翠兰．基于博弈论的知识链成本分摊研究［J］．工业工程，2012，15（4）：83－88．

④ 艾兴政，马建华，唐小我．不确定环境下链与链竞争纵向联盟与收益分享［J］．管理科学学报，2010，13（7）：1－8．

⑤ 鲍新中，刘澄，张建斌．基于 EOQ 的集成供应成本分摊问题研究［J］．中国管理科学，2009，19（1）：101－106．

⑥ LIN R Y. Allocating fixed costs or resources and setting targets via data envelopment analysis［J］. Applied mathematics and computation，2011，217（13）：6349－6358．

⑦ AGARWAL R，ERGUN O. Network design and allocation mechanisms for carrier alliances in liner shipping［J］. Operation research，2010，58（6）：1726－1724．

⑧ DRECHSEL J，KIMMS A. Computing core allocation in cooperative games with an application to cooperative procurement［J］. International journal of production economics，2010，128（1）：310－321．

问题中起到的特殊效果。[①]

3. 环保治污设备技术研发策略下的政府补贴

在对污染型企业进行基于环保问题监管与治理的过程中，部分企业因治污成本过高或自身环保治污设备技术能力有限，其处理污染物的能力和水平无法达到政府部门规定的排放污染物的标准。因此，政府部门针对污染型企业所处的不同情况，制定不同的环保治污设备技术研发策略，并对其给予不同程度的政府补贴，支持并鼓励企业进行相关环保治污设备技术的研发，确保污染型企业与社会、环境可持续协调发展，达到经济效益、环境效益和社会效益的整体最优。同时，这种补贴政策也是政府部门在治污过程中针对不完善的污染型企业提高治污投资的一种激励措施。

一般来说，研发可划分为治污设备研发和治污技术研发。[②] 其中，治污设备研发指的是通过一定的资金投入，研究开发一种新的具有较高治污能力的治污设备；治污技术研发指的是通过一定的资金投入，研究开发一种技术降低企业的治污成本。治污设备研发与治污技术研发都是为了弥补先前治污能力的不足，满足污染型企业处理污染物的需求。这两种研发方式均能提高治污效率，降低治污成本，生产环境友好型产品，提高产品绿色效益，最终间接影响终端消费者的采购与使用效用函数。在设备研发与技术研发的选择上，污染型企业根据自身的情况可以自由选择独自研发或与其他企业进行合作研发。不同研发方式的选择主要受溢出的影响。设备技术溢出指的是企业不通过交易市场而免费获得其他企业创造的成果或信息，即不存在有效的知识产权保护制度。具体来说，当没有溢出时，企业存在对设备技术研发资金投入过度的倾向；当溢出存在时，企业存在设备技术研发科技水平不足的可能。针对溢出情况，企业虽然不能避免其他企业无偿得到自身研发的成果，但可借助共同研发的方式将外部性的设备技术科技成果内在化。因此，污染型企业根据自身情况及溢出的影

① LIMA D A, PADILHA-FELTRIN A, CONTRERAS J. An overview on network cost allocation methods [J]. Electric power systems research, 2009, 79 (5): 750 - 758.

② AUGUSTINE J, CARAGIANNIS I, FANELLI A, et al. Enforcing efficient equilibria in network design games via subsidies [J]. Algorithmica, 2015, 72 (1): 44 - 82.

响，选择独自研发或与其他企业合作研发。相应地，政府部门针对污染型企业的补贴标准分别是对企业科研成本实行以减排量为标准的比例补贴，以及按照企业研发成效的价值实行以产量为标准的补贴。①

对于环保治污设备技术科研投资与政府部门给予相应研发补贴政策的研究较为广泛。国内一些学者对企业之间在共同研发过程中的成本分配问题进行了研究。② 王玮等人（2015）通过构建不同条件下的博弈模型，研究了技术溢出以及参与者之间的“双重边际效应”影响因素。③ 凌超等人（2015）研究发现纵向结构的产业链对于国家创新机制的应用具有特殊的作用。④ 李友东等人（2014）通过求解供应链两端的纳什均衡博弈模型，分析了政府补贴政策对低碳研发过程的有利影响。⑤ 杨子川（2013）考虑在第三国市场模型中分析一个中间品垄断企业分别向位于本国和外国的下游企业同时出口中间品时，一国政府的战略性研发政策。⑥ 赵丹等人（2012）重新定义博弈模型假定条件，在分析技术许可制度背景下，构建了一个多阶段过程的研发对比模型。⑦ 林江等人（2011）通过讨论新型研发成本影响变量，将企业自身、全球网络与市场竞争者集中在一个整体结构中进行深入研究。⑧

Laukkanen 等人（2014）认为政策措施和实施效果因存在时间滞后效应，

① 郁培丽，石俊国，窦姗姗，等. 技术创新、溢出效应与最优环境政策组合［J］. 运筹与管理，2014，23（5）：237－242.

② WANG S Y，FAN J，ZHAO D T，et al. The impact of government subsidies or penalties for new-energy vehicles：a static and evolutionary game model analysis［J］. Journal of transport economics and policy，2015，49（1）：97－115.

③ 王玮，陈丽华. 技术溢出效应下供应商与政府的研发补贴策略［J］. 科学学研究，2015，33（3）：363－368.

④ 凌超，郁义鸿. 产业链纵向结构与创新扶持政策指向：以中国汽车产业为例［J］. 经济与管理研究，2015（2）：74－80.

⑤ 李友东，赵道致. 考虑政府补贴的低碳供应链研发成本分摊比较研究［J］. 软科学，2014，28（2）：21－26.

⑥ 杨子川. 生产分割，异质产品与战略性研发政策［J］. 世界经济研究，2013（6）：16－21.

⑦ 赵丹，王宗军. 消费者剩余、技术许可选择与双边政府 R&D 补贴［J］. 科研管理，2012，33（2）：88－96.

⑧ 林江，秦军，黄亮雄，等. 政府补贴对引资竞争的作用研究［J］. 财经问题研究，2011（7）：75－82.

导致了补贴效果评估的困难，需要进一步通过具体应用情况分析处理问题的方法。[①] Gil – Molto 等人（2011）重点研究了补贴强度中的技术溢出影响因素。[②] Gilbert 等人（2003）分析了供应链上游对价格本身的约束关系，及对其下游研发方式产生的影响。[③]

4. 企业非法排污问题的治理

为了防止环境进一步遭受污染和破坏，我国出台了一系列政策方案与法律法规，实行以排放污染物总量控制为标准[④]的制度管理方法。目前，应对企业非法排放污染物问题的主要管理制度有排污费制度、排污申报制度、排污权交易制度等。其中，排污权交易制度成为近年来治理企业非法排放污染物问题的主要手段之一。

从本质上来说，排污权交易制度主要通过市场调节作用提升生态环境总体质量，最大效用地促进企业在经济利益目标作用下主动治理污染，共同完成保护自然生态环境的社会效益目标。因此，排污权交易制度的优点是成本较低，合理优化配置环境资源，使环境资源产权化，节约社会污染治理控制费用，提高污染治理控制效率。在排污权交易制度背景下，环保效益资金首先汇入治理污染能力较低的企业；排污权则与之相反，即第一时间汇入具有高经济规模的企业，使区域内部总的环保效益资金达到最佳优化。

马学良等人（2017）构建完全信息演化博弈模型，分析用水农户和政府双方在生态水资源管理中的策略问题。[⑤] 陈真玲等人（2017）分析环境税征收机制中地方政府与中央政府的委托代理模型、企业与政府的演化博弈模型，分

---

① LAUKKANEN M，NAUGES C. Evaluating greening farm policies：a structural model for assessing agri-environmental subsidies [J]. Land economics，2014，90 (3)：458 – 481.

② GIL-MOLTO M J，POYAGO-THEOTOKY J，ZIKOS V. R&D subsidies，spillovers and privatization in mixed markets [J]. Southern economic journal，2011，78 (1)：233 – 255.

③ GILBERT S M，CVSA V. Strategic commitment to price to stimulate downstream innovation in a supply chain [J]. European journal of operational research，2003，150 (3)：617 – 639.

④ 杨俊，陆宇嘉. 基于三阶段 DEA 的中国环境治理投入效率 [J]. 系统工程学报，2012，27 (5)：699 – 711.

⑤ 马学良，李超，赵青梅，等. 基于博弈论的新疆内陆河区生态用水保障与管理研究 [J]. 管理评论，2017，29 (7)：235 – 243.

析其收益函数并进行仿真模拟。[①] 李德荃等人（2016）建立节能减排申报机制的信号博弈模型，分析四种可能存在的后继博弈精炼贝叶斯纳什均衡策略。[②] 杜建国等人（2015）通过演化博弈理论，分析政府与第三方治污的演化支付矩阵，讨论不同参数对博弈的影响。[③] 朱皓云等人（2012）全面分析我国排污权交易市场的企业参与现状，通过对政府政策、市场机制、企业决策三个环节进行研究，以提高企业参与度为目的，从完善政府职能、健全市场机制、提升企业能力这三个方面提出对策建议。[④] 张宏翔等人（2012）研究国外排污费制度对我国的借鉴作用，通过应用鲍莫尔—奥茨税理论模型，实证分析了市场价格与税收对该模型的影响作用，使得环境政策的理论机制和实践制度得到很大程度的提高。[⑤] 周朝民等人（2011）通过对比排污权交易制度和政策指令制度，分析了古诺博弈模型的均衡结果以及对整体社会收益的良好促进作用。[⑥] 刘昌臣等人（2010）研究了信息不对称条件下的排污权优化问题，并讨论了该种问题下的推行制度。[⑦]

Poorsepahy-Samian 等人（2012）运用博弈论的方法，构建分配问题目标函数的优化模型，通过初始权益分配、形成共同联盟、公平的利益分配、损失最小化四个步骤解决了排污许可证分配的问题。[⑧] Gray 等人（2011）认为环境监

---

① 陈真玲，王文举．环境税制下政府与污染企业演化博弈分析［J］．管理评论，2017，29（5）：226－236.

② 李德荃，曹文，曹原，等．关于节能减排达标申报制度的信号博弈分析［J］．中国人口（资源与环境），2016，26（12）：108－116.

③ 杜建国，陈莉，赵龙．政府规制视角下的企业环境行为仿真研究［J］．软科学，2015，29（10）：59－64.

④ 朱皓云，陈旭．我国排污权交易企业参与现状与对策研究［J］．中国软科学，2012（6）：15－23.

⑤ 张宏翔，熊波．基于鲍莫尔—奥茨税的德国排污费制度的经济分析［J］．中国人口（资源与环境），2012，22（10）：69－77.

⑥ 周朝民，李寿德．排污权交易与指令控制条件下寡头厂商的均衡分析［J］．系统管理学报，2011，20（6）：677－681.

⑦ 刘昌臣，肖江文，罗云峰．实施最优排污权配置［J］．系统工程理论与实践，2010，30（12）：2151－2156.

⑧ POORSEPAHY －SAMIAN H，KERACHIAN R，NIKOO M R. Water and pollution discharge permit allocation to agricultural zones：application of game theory and min-max regret analysis［J］．Water resources management，2012，26（14）：4241－4257.

测和执法活动可以有效减少违规排放污染物的行为。① Yi 等人（2010）探讨了全球非法排污问题的严重性，同时从成本效益、博弈论、动态马尔科夫链的角度，指出建立全球合作机制以达到应对该问题的目的。② Jaffe 等人（2010）针对排污权交易制度中各环节运作的衔接问题进行分析研究，发现通过进行总量管制与建立减排信用系统可以有效减少合规资本、提高市场的经济性。③ McEvoy 等人（2009）首先对环保协定中“自我强化”概念进行重新界定，认为其指代稳定的合作协议，进而抽象出博弈问题并深入研究了监管费用。④ Chávez 等人（2009）在考虑减排成本与执行成本的前提条件下，分别研究完全信息和不完全信息条件下可转让的排污许可证制度中的排污标准问题。⑤ Montero（2009）考察静态模型的排污权交易市场，认为排污许可证在免费发放与拍卖机制下对企业共谋行为具有一定的影响作用。⑥ Goulder 等人（2008）通过构建排污权交易市场中基于成本效益、分配公正、不确定性与可行性的评价标准博弈模型，对排污税、污染物排放津贴、减排效应津贴进行综合分析。⑦

2.5.2 文献评述

1. 政府部门对污染型企业的监管问题

国内外研究学者对污染型企业监管问题的研究主要集中在基于现实问题构

---

① GRAY W B，SHIMSHACK J P. The effectiveness of environmental monitoring and enforcement：a review of the empirical evidence [J]. Review environmental economics and policy，2011，5（1）：3－24.

② YI R T，LI M. Constructing sustainable vertical cities：strategies to enhance closer cooperation between ASEAN contractors on pollution problem under the lens of economic game theories-cost benefit analysis and dynamic Markov chain theories [J]. Athletes now，2010，6（5）：1911－2017.

③ JAFFE J，RANSON M，STAVINS R N，et al. Linking tradable permit systems：a key element of emerging international climate policy architecture [J]. Ecology law quarterly，2010，36（4）：789－808.

④ MCEVOY D M，STRANLUND J K. Self-enforcing international environmental agreements with costly monitoring for compliance [J]. Environmental and resource economics，2009，42（4）：491－508.

⑤ CHÁVEZ C A，VILLENA M G，STRANLUND J K. The choice of policy instruments to control pollution under costly enforcement and incomplete information [J]. Journal of applied economics，2009，12（2）：207－227.

⑥ MONTERO J P. Market power in pollution permit markets [J]. The energy journal，2009，30（2）：115－142.

⑦ GOULDER－L H，PARRY I W H. Instrument choice in environmental policy [J]. Review of environmental economics and policy，2008，2（2）：152－174.

建抽象的博弈模型，通过建立目标函数，寻求最优解，并讨论相关影响因素。但监管问题本身涉及面较广、涵盖对象较多、过程体系较复杂，并易受到外界因素的干扰。因此，在对其进行博弈研究分析时，若假设条件过少，则不能客观地反映实际问题；若假设条件过多，则会使结论在具体实践活动中难以进行推广和使用。

相较而言，制度工程学作为一种制度的工程化设计方法和分析方法，针对现实性较强的污染型企业环保问题的监管制度，用工程设计的方法对制度进行改进和完善。通过选择不同类型的制度部件，分析行为回报函数，从而对制度的效果进行比较，使得制度的优化和设计更为科学合理、更加易于实际操作。

2. 环保治污设备技术成本分摊

传统的成本分摊方法侧重于梳理因果关系，虽然直接、易于理解、便于推广，但时常因过多考虑集体目标而疏忽了不同内部成员个体的不同要求，无法保证公正性，无法在集体目标和个体目标中寻求最优，也无法解决政府部门和污染型企业之间动态博弈的核问题。

然而，在合作博弈理论基础上，构建一个具有实践效用的成本分摊方案，能够有效协调不同内部成员之间的公正问题。通过构建污染型企业购买使用环保治污设备技术的成本分摊合作博弈模型，分析成本分摊博弈的特性，指出满意度检验与联盟稳定性的关系，并对有附加治污需求的设备技术选择博弈进行了进一步的分析与讨论。

3. 环保治污设备技术研发策略下的政府补贴

产业组织理论主要集中探讨了在同质市场中政府部门对处于竞争态势下的企业设备技术研发给予不同标准补贴的博弈问题。研究主体主要面向市场，以企业为导向，忽视了国家层面上的政策支持和引导，以及地方政府作为执行者和一线管理者发挥实际管理效用的事实，容易导致结论过于宽泛，无法对管理实践提出有实际应用价值的建议。

在政府部门不同补贴政策的背景下，引入政府参与与引导机制，通过构建包含政府部门和污染型企业在内的三阶段博弈模型，分别研究在独立研发和合作研发两种不同方式下的政府补贴标准，并对不同研发方式和补贴政策进行对比与讨论，寻求适合企业的方式。

4. 企业非法排污问题的治理

已有的研究成果对企业非法排污问题制度治理研究具有很大的帮助，但是排污权交易市场也存在一些问题[①]，如排污权初始分配障碍；排污权买卖与分配不公；重交易、轻整体的制度设计缺陷等。同时，目前对排污权交易的研究主要在于政府部门制定相关市场政策这一环节上，没有将社会公众对制度的参与程度等相关环节考虑在内，忽视了企业对于政府政策的反应。并且，国内外研究建立的政府部门和污染型企业的反应函数，更多地局限于经济效益，忽视了政策制定带来的环境效益与社会效益的重要性。

在排污权交易背景下分析政府部门和污染型企业之间的动态博弈，同时引入政府部门检查和监管概率、社会公众监督并举报污染型企业是否存在违规排污行为的概率，对污染型企业的经济效益、政府部门的社会效益及环境效益进行重新定位与深入讨论，是十分必要的。

---

① RUPAYAN P，BIBHAS S. Pollution tax，partial privatization and environment ［J］. Resource and energy economics，2015（40）：19－35.

3 基于二元行为管理制度的政府部门对污染型企业监管问题的研究

3.1 引言

随着我国经济与社会的进步和发展，环境问题日益显现出来。企业作为推动我国经济快速发展的中坚力量，在生产运作中采取一定的环保策略可以有效地消除或降低对环境的不利影响，也是企业承担社会责任的重要体现。因此，企业与环境的和谐关系逐渐成为社会以及政府部门关注的焦点。

在实际的生产与运作中，部分企业会产生一定的废水、废气和固体废弃物，这些污染物对周围环境和社会公众会造成一定的污染和破坏，这些企业被称为污染型企业。然而这些污染型企业主要为国民经济发展的基础支柱产业，关系到国计民生，在国家经济和社会发展中起到中流砥柱的作用。因此，对污染型企业，尤其是排污问题，政府部门要进行合理有效的监管与引领。针对污染型企业，建立并完善一套科学合理有效的环保监管体系，也是政府部门监管企业排污行为的行为管理制度研究的重点。

董博（2015）通过多群体演化博弈模型分析了政府机构、污染型企业和群众在排污监管过程的博弈问题。[①] 王力宏等人（2014）通过构建超标排污企业与工业园区管委会之间的博弈模型，讨论了动态方程与稳定演化策略。[②] 顾鹏等人（2013）建立排污企业与监管部门之间的支付矩阵，通过研究交互系

---

① 董博．基于多群体演化博弈的排污监管问题研究［J］．现代商业，2015（23）：67－68.

② 王力宏，张杰，陈中伟．工业园区排污权交易监管的博弈分析［J］．统计与决策，2014（5）：57－60.

统的均衡点，确定监管力度等要素的影响情况。[①] 胡新平等人（2012）认为监督和处罚只能获得次优化方案下的社会福利，无法获得社会福利的优化配置；政府部门确定污染治理价格标准上限，可以有效压缩监督管理成本和排污负效应，并增加污染治理企业的利润。[②] 金帅等人（2011）在分析排污权交易背景下工程项目行为特征的基础上，首先从分配排污许可证、监督管理水平、处罚方式三方面，对有效实现政府部门最优监管对策进行均衡分析，然后用社会科学计算实验方法，构建基于异质主体的排污权交易实验平台，从有限理性和非静态出发，模拟处于复杂系统中的监管行为。[③] 同时 Frieder 等人（2015）研究发现监管会减弱消极影响，这种负面影响源于滥用监督。[④] Sweeney 等人（2000）分析研究污染型企业和政府部门之间的博弈模型，讨论了在实施排污许可证环境下的企业生产活动，以达到实现总量控制目标的目的。[⑤]

制度工程学认为文化与制度是现代社会对行为进行管理的两个基本工具，其中文化对行为起软约束作用，而制度则对行为起硬约束作用。[⑥] 二者相互补充，相互作用，缺一不可。个体在某一制度下选择某种行为，该行为对个体本身一定是最为有利的，因此从本质上说这是一种个体与制度之间的博弈。这种博弈与一般博弈有一定的相同之处，也有其自身的特点。具体来说，一方面作为被管理者的个体通过了解制度规定的内容选择使自己效用最大化的行为，其策略选择自由灵活；另一方面作为制度执行管理者则通过观测个体的行为并结合事先制定的制度规则选择相应的对策，其策略选择是相对固定的。这种只有

---

① 顾鹏，杜建国，金帅．基于演化博弈的环境监管与排污单位治理行为研究［J］．环境科学与技术，2013，36（11）：186－192.

② 胡新平，黄波．集中治污模式下的中小单位排污监管机制［J］．现代管理科学，2012（5）：118－120.

③ 金帅，盛昭瀚，杜建国．排污权交易系统中政府监管策略分析［J］．中国管理科学，2011，4（4）：174－183.

④ FRIEDER R E，HOCHWARTER W A，DEORTENTIIS P S. Attenuating the negative effects of abusive supervision：the role of proactive voice behavior and resource management ability［J］. The leadership quarterly，2015，26（5）：821－837.

⑤ SWEENEY J，RIVERA C，DUFFEE，et al. Environmental effects on probation supervision strategy［J］. Corrections management quarterly，2000，4（4）：34.

⑥ 蔺雪春．环境挑战、生态文明与政府管理创新［J］．社会科学家，2011，26（9）：70－73.

一方可自由选择行为的个体与制度的博弈，与双方均可自由选择行为的一般博弈有着显著的不同之处。由于管理者只有在设计制度时才拥有自由选择行为的权利，在制度实际使用时权利自然消失，因此需要管理者在设计制度时对个体的所有可能出现的行为进行科学全面合理的预测，确保制度设计的有效性，达到保证个体行为与制度总体目标的一致性。

本章主要运用制度工程学的理论知识，对政府部门监督管理污染型企业的排污行为进行研究。建立政府部门监管企业排污行为的二元行为管理制度基本模型孙氏图，并讨论特殊情况下不同特征参数的二元行为管理制度，对制度的有效性进行分析。

3.2 行为管理的措施与制度部件

政府部门作为制度的制定者和执行者，在对污染型企业排污行为进行监督管理时，主要采取五种措施，分别是资源措施、机会措施、成本措施、观测措施、回报措施。①

其中，资源措施、机会措施、成本措施分别指的是政府部门通过控制污染型企业排污行为需要的资源、机会、成本进而改变企业行为选择的一种行为管理措施。观测措施指的是政府部门提高对污染型企业排污行为的观测力度，促使污染型企业选择与政府部门制定的制度总目标相一致的有利行为，有效规避不良行为。回报措施指的是政府部门改变污染型企业排污行为的行为回报，促使污染型企业改变自身的行为选择倾向。

在政府部门制定的针对污染型企业排污行为的行为管理制度结构中，最基本的结构单元是制度部件。② 制度部件是行为管理制度中的局部制度功能的执行者，可以是某种更加微观的细微制度，也可以是某些执行机构或执行设备。

---

① 孙绍荣．制度工程学：孙氏图与五种基本制度结构［M］．北京：科学出版社，2015：78－105.

② 孙绍荣．基于行为概率和符号结构的行为管理制度设计［J］．系统工程理论与实践，2013，33（10）：2546－2554.

制度部件按照不同的作用，可以分为观测器、促进器、抑制器。

①观测器主要用来观测污染型企业是否发生排污行为以及排污行为的程度。在实际使用过程中，政府部门着重注意观测器的灵敏度、准确度、测度刚性与观测成本。②促进器主要用来促使污染型企业通过绿色生产和治理污染选择不排污行为或减少排污行为。政府部门通过控制发生排污行为所需的资源、机会以及排污行为产生的回报，将促进器划分为资源型促进器、机会型促进器、回报型促进器。③抑制器主要用来阻止或减少污染型企业排污行为发生。相应地，抑制器分为资源型抑制器、机会型抑制器、成本型抑制器、回报型抑制器。政府部门在使用抑制器时，需要特别注意防止抑制器失灵情况的发生，如抑制器对排污行为发生所需条件的剥夺达到极限造成的极限式失灵，抑制器在剥夺某些条件的同时无法控制对企业的额外补偿的补偿式失灵。

3.3 二元行为管理制度的基本监管模型简介

政府部门监管企业排污行为的行为管理制度[①]，主要用来控制企业对排污行为的选择及其程度的倾向，使企业最终选择与制度总目标相一致的行为。一般而言，行为管理制度主要分为两种类型，分别是奖励制度与惩罚制度。政府部门认为污染型企业通过绿色生产和治理污染使污染物排放达标是法律规定企业应尽的责任与义务，因此在政府部门监管企业排污行为的过程中主要使用的是惩罚制度。在实际监管过程中，政府部门使用的促进器和抑制器主要属于回报型。

在制度工程学中，行为管理制度的研究主要分析影响制度效果的制度参数以及与这些参数相关的制度部件，而研究行为管理制度的工具主要是用来标绘制度结构的孙氏图。[②] 按照基本功能的不同，孙氏图主要分为行为管理制度、

---

① 孙绍荣．制度工程学：孙氏图与五种基本制度结构［M］．北京：科学出版社，2015：78－105.

② 孙绍荣．制度工程学：孙氏图与五种基本制度结构［M］．北京：科学出版社，2015：78－105.

任务分担制度、福利分配制度三大类。行为管理制度划分为惩罚制度和奖励制度，任务分担制度分为双独立制度、回报共享制度、成本分摊制度，福利分配制度主要指的是竞争制度。

政府部门监管企业排污行为的二元行为管理制度的孙氏图如图 3－1 所示。

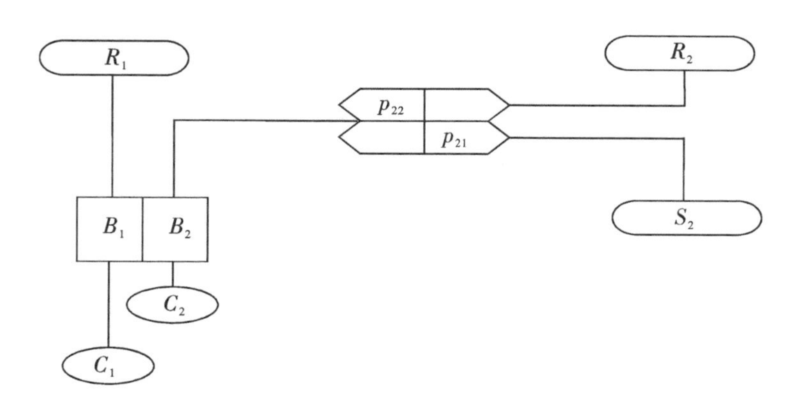

图 3－1　二元行为管理制度的孙氏图[①]

在该二元行为管理制度中，污染型企业的行为集为二元离散行为，B_1 表示企业经绿色生产和治理污染不对外排放或在政府部门规定范围内达标排放的良好行为，B_2 表示企业因治污能力有限或治污成本过高而超过政府部门规定的排污上限的超标非法排污的不良行为。

污染型企业选择良好行为 B_1，会得到相应的回报 R_1，如良好的社会形象和被公众认可的声誉。其中，R_1 属于促进器。由于 R_1 的观测通常具有个体主观性，且 R_1 的产生与 B_1 行为的发生并非充要条件关系（如企业良好的社会形象与声誉的产生来自企业主动承担社会责任、多做社会福利事业），即无法用 R_1 回报的存在判断 B_1 行为的发生，也就不能用良好行为 B_1 的发生推测不良行为 B_2 的发生。同时，政府部门为确保人力、财力使用效率的最大化，一般

① 孙绍荣．制度工程学：孙氏图与五种基本制度结构［M］．北京：科学出版社，2015：78－105.

是通过观测污染型企业是否存在非法超标排污，达到对企业排污行为监管的目的。因此，政府部门对污染型企业的非法超标排放污染物行为 B_2 设置二元观测器。其中，p_{21}表示观测器以该概率观测到企业不良行为 B_2，使得企业受到惩罚 S_2；p_{22}表示观测器因性能有限无法准确监测到企业不良行为的概率，使得企业仍然获得一定的回报 R_2。此时，$p_{22}=1-p_{21}$。其中，R_2属于促进器，S_2属于抑制器。

政府部门监管企业排污行为的二元行为管理制度的制度参数如表 3－1 所示。

表 3－1　二元行为管理制度的制度参数①

行为	结果	概率	成本	效用
B_1	R_1	1	C_1	$U_1=R_1-C_1$
B_2	R_2	p_{22}	C_2	$U_2=p_{22}R_2+p_{21}S_2-C_2$
	S_2	p_{21}		

3.4　无不良行为推定的二元行为管理制度

无不良行为推定原则指的是因证据不足无法认定个体存在不良行为的，均将其判定为具有良好行为的个体。② 具有这种原则的制度主要应用在良好行为难以观测，而不良行为较易准确观测的情况。

在政府部门监管企业排污行为的二元行为管理制度中，一些政府部门为确保财政资金与人力资源使用效率的最大化，通常重点关注污染型企业非法超标排污的不良行为。同时，相较于污染型企业达标排污行为的观测，企业非法超标排污行为的观测更具有针对性，更容易被政府部门监测。因此，一些地方的

① 孙绍荣．制度工程学：孙氏图与五种基本制度结构［M］．北京：科学出版社，2015：78－105.

② 昝廷全．制度的数学模型与制度设计的两个基本准则［J］．中国工业经济，2002（2）：66－69.

政府部门采取无不良行为推定的二元行为管理制度对污染型企业的排污行为进行监管。即如果污染型企业的非法超标排污行为没有被政府部门有效地监测到，则企业获得的回报与其达标排污所得到的回报相同。

无不良行为推定的二元行为管理制度对应的孙氏图的制度特征参数为$R_2 = R_1$。因客观原因的限制，导致一些地方的政府部门选择具有一定弊端的无不良行为推定的二元行为管理制度。为规避该制度的部分弊端，确保制度的合理有效，该制度制定的总目标是促使污染型企业选择达标排污的良好行为，不选择非法超标排污的不良行为。即对于污染型企业而言，存在 $U_1 > U_2$。

将表 3-1 中的制度参数代入 $U_1 > U_2$，且 $R_2 = R_1$，整理得：

$$p_{21} > \frac{C_1 - C_2}{R_1 - S_2} \tag{3.1}$$

$$R_1 - S_2 > \frac{C_1 - C_2}{p_{21}} \tag{3.2}$$

（3.1）式表明，对于管理者来说，为确保无不良行为推定的二元行为管理制度的有效性，其对污染型企业是否存在非法超标排污的不良行为的观测力度必须满足（3.1）式的要求。

（3.2）式表明，对于被管理者来说，政府部门制定的无不良行为推定的二元行为管理制度能够有效促使污染型企业主动选择达标排污的良好行为，其良好行为的回报与不良行为的惩罚的二者差值需满足（3.2）式的要求。

3.5　治理腐败行为的二元行为管理制度

3.5.1　制度的制定

政府部门针对污染型企业排污行为监管制定的无不良行为推定的二元行为管理制度的总目标是促使污染型企业选择达标排污的良好行为。但对于污染型企业来说，选择达标排污，必然对自身的绿色生产过程以及治污能力提出了较高的要求，增加了企业生产运作成本。一些污染型企业在政府部门对非法超标排污问题进行监测时，采取作弊行为，甚至采用对政府部门行贿的形式，干扰政府部门的正常监管。因此，针对污染型企业存在的腐败行为，政府部门制定了治理腐败行为的二元行为管理制度，其孙氏图如图 3-2 所示。

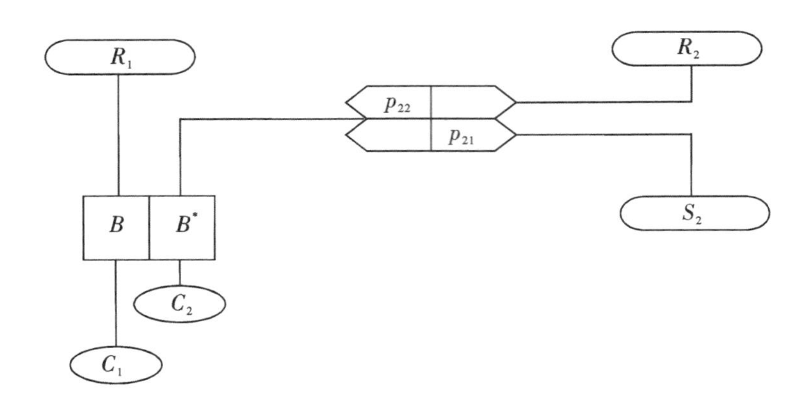

图 3-2　治理腐败行为的孙氏图①

在该二元行为管理制度的污染型企业二元离散行为集中，B 表示企业绿色生产和治理污染不对外排放或在政府部门规定范围内达标排污的良好行为，B^* 表示企业采取作弊甚至行贿形式，干扰政府部门对其是否存在超标非法排污行为正常监管的不良行为。

治理腐败行为的二元行为管理制度的特征参数是 $C_1 > C_2$，且 $R_2 = R_1$。即污染型企业选择不良行为的成本要小于选择达标排污良好行为的成本，同时污染型企业干扰政府部门正常监管的腐败行为如果没有被发现，企业可以获得与良好行为相同的回报。

相应地，治理腐败行为的二元行为管理制度的制度参数如表 3-2 所示。

① 孙绍荣. 制度工程学：孙氏图与五种基本制度结构［M］. 北京：科学出版社，2015：78-105.

表 3－2 治理腐败行为的二元行为管理制度的制度参数[②]

行为	结果	概率	成本	效用
B_1	R_1	1	C_1	$U_1=R_1-C_1$
B^*	R_1	p_{22}	C_2	$U_2=p_{22}R_1+p_{21}S_2-C_2$
	S_2	p_{21}		

为确保治理腐败行为的二元行为管理制度的合理有效，该制度制定的总目标是促使污染型企业选择达标排污的良好行为，即对于污染型企业而言，存在$U_1>U_2$。

整理得：

$$R_1>\frac{p_{21}S_2+(C_1-C_2)}{p_{21}} \tag{3.3}$$

$$S_2<R_1-\frac{C_1-C_2}{p_{21}} \tag{3.4}$$

$$p_{21}>\frac{C_1-C_2}{R_1-S_2} \tag{3.5}$$

（3.3）式表明，如果要使得治理腐败行为的二元行为管理制度有效，污染型企业选择达标排污良好行为获得的回报要满足（3.3）式。即如果良好行为的回报过小，会促使企业选择某些腐败行为干扰政府部门的监管。

（3.4）式表明，如果要使得治理腐败行为的二元行为管理制度有效，政府部门对污染型企业选择不良行为的惩罚要满足（3.4）式。其中，S_2的数值越大表示惩罚效力越小，S_2的数值越小（如数值为负）表示惩罚效力越大。

（3.5）式表明，如果要使得治理腐败行为的二元行为管理制度有效，政府部门对污染型企业是否存在干扰正常监管的腐败行为的观测力度要满足（3.5）式。当R_1保持稳定时，政府部门的惩罚效力越大（S_2的数值越小），对观测力度p_{21}的要求会相应地降低，并维持制度的合理与有效。

3.5.2 制度的改进

政府部门在制定治理污染型企业因腐败行为干扰正常监管的二元行为管理制度时，可以通过采取一定的技术措施或管理措施对原有制度进行改进。

政府部门对污染型企业是否存在非法超标排污不良行为的监测，通常都是对企业外部的排污处进行观测。如果污染型企业采取作弊手段干扰政府部门的正常监管，一般也是对企业外部的排污处进行干扰。因此，政府部门为了提高对污染型企业的观测力度，改善观测器的性能，可以对企业内部的各个生产运作环节的排污情况设定标准，并对各个环节的排污处进行抽检，且不定期地对所有排污处进行全面检测。

污染型企业如果通过行贿形式干扰政府部门的正常监管，需要额外支付一笔行贿费用。相应地，政府部门可以通过提高管理者的薪酬，在政府部门内部建立高薪养廉制度。同时，政府部门可以与社会公众、新闻媒体联合建立监督举报制度，全面监管污染型企业的排污行为。在这种情况下，污染型企业通过行贿干扰政府部门监管的成本显著增加，政府部门管理者受贿被查出的风险增加。

此外，除单纯地增加惩罚力度外，政府部门可以适当增加污染型企业选择达标排污行为的回报。如建立信息公开制度，定期向社会公布污染型企业的排污情况，使得社会公众及时了解企业的生产运作是否做到与环境和谐相处，促使企业在社会中建立良好的社会声誉和企业形象。

通过对制度参数的评价与现实数据的统计，改进后的治理腐败行为的二元行为管理制度的制度参数如表 3－3 所示。

表 3－3　改进后的治理腐败行为的二元行为管理制度的制度参数

部件名称	部件说明	部件数值
C_1	进行绿色生产、自身污染物治理	40
C_2	采取作弊或行贿干扰政府部门正常监管	50
R_1	因达标排污获得的良好形象和社会声誉	60
p_{21}	政府部门观测到污染型企业是否存在腐败行为的概率	0.6
S_2	惩罚的力度	－100

根据表3－3中的制度参数，计算可得：$U_1 > U_2$。因此，污染型企业的优先行为选择顺序为：$B_1 > B_2$。

本章小结

本章主要运用制度工程学的理论知识，对政府部门监管污染型企业的行为问题进行研究。首先，建立政府部门监管污染型企业的二元行为管理制度基本模型孙氏图，并确定其制度参数。其次，分析特殊情况下的特征参数，分别对无不良行为推定的二元行为管理制度和治理腐败行为的二元行为管理制度进行讨论，并对制度的有效性进行分析。研究表明，两种不同类型制度有效性的实现，其制度部件的促进器、抑制器、观测器需要满足一定的函数条件。此外，对治理腐败行为的二元行为管理制度进行了改进，提出了技术和管理的改进措施，并给予制度参数进行模拟检验。

本章的结论可以作为政府部门监管污染型企业行为时的一种参考，具有一定的指导意义。进一步的研究可以在行为效用的确定[①]、行为概率的估算[②]中展开。

---

① 杜宁宁，李瑛．科技项目立项评估机制优化研究［J］．科研管理，2016（A1）：1－5.

② 潘峰，西宝，王琳．地方政府间环境规制策略的演化博弈分析［J］．中国人口（资源与环境），2014，24（6）：97－102.

4 基于合作行为的污染型企业环保治污设备技术成本分摊研究

4.1 引言

21 世纪以来，我国已经进入企业建立与发展的高峰期。其中一部分企业因自身性质的原因，其生产或运作过程中对外界环境产生一定的破坏作用。这类污染型企业产生的污染物危害群众健康，破坏自然资源和生态平衡。与此同时，污染型企业主要为涉及国民经济发展的基础产业，关系国计民生，对国家经济和社会发展起着十分重要的作用。因此，随着国民经济的快速发展，该部分污染型企业的环境问题逐步凸显出来，污染型企业与环境的关系是否和谐逐渐成为人们关注的焦点。

政府部门针对污染型企业环保问题的管理，与企业的内外部环境有着密切的关系，不同的社会条件及企业条件具有不同的管理模式。目前，政府部门对污染型企业环保问题的管理主要集中在两个方面①：第一，对于尚未建设以及处于筹建中的污染型企业，对其立项制定了科学严格的标准，如进行环境影响评价、检查厂房及设备建设是否符合环保要求等。第二，对于已经建成并投入使用的，尤其是具有较长运作时间的污染型企业，及时合理全面地对其进行环境影响评价。针对存在环境问题及环保隐患的污染型企业，规定企业自身进行环保治污设备技术的改造与提升，鼓励企业进行相关环保治污设备技术的研

① HARRINGTON D M. Effectiveness of state pollution prevention programs and policies [J]. Contemporary economic policy, 2013, 31 (2): 255 -278.

发，禁止企业非法排污。其中，政府部门针对第一种污染型企业制定的立项标准均建立在较为完善的科学化与合理化基础之上，因此政府部门对第一种污染型企业的管理相当于在企业建设初期对其污染问题进行全面严格的管控，具有较强的管理效力，能够及时规避负面效应。然而，第二种污染型企业因已投入生产运作，部分企业因治污成本过高或自身能力有限，无法达到政府部门规定的达标排污的标准。因此，政府部门对于第二种污染型企业的管理逐渐成为管理污染型企业的重点与难点。

在实际生产过程中，污染型企业多以某一具体行业或相关行业的形式形成工业园区，其所产生的污染物种类相近，因而污染物在治理方式与处理方法上具有相同之处。因此，对于第二种污染型企业存在共同治理污染物的可能，即多个污染型企业形成治污联盟，共同建设、购买或使用环保治污设备技术，并对环保治污设备技术成本进行分摊，从而避免单一污染型企业单独治污成本过高或自身治污能力有限的弊端[①]，达到合理利用治污资源、减少治污成本、实现经济效益与社会效益最大化的目标，确保污染型企业与社会、环境可持续协调发展。

目前，可以使用多种方法解决成本分摊问题，如大拇指法、基于边际成本法、基于活动的成本计算法、可分离与不可分离成本分摊法等。[②] 现阶段，合作博弈是在具体成本分摊问题中使用较多的一种方法，也越来越多地被学者广泛应用在实际中。Sánchez-Soriano 等人（2001）研究了相关问题的成本分摊博弈，证明核存在并非空，同时讨论了对应的对偶最优解。[③] Sánchez-Soriano 等人（2002）研究了费用的分配问题，并构建博弈模型，提出了基于平等的成本分摊解的概念，并计算出该合作博弈解的核。[④] Engevall 等人（2004）分析

① JAFFE-J, RANSON M, STAVINS R N. Linking tradable permit systems: a key element of emerging international climate policy architecture [J]. Ecology law quarterly, 2010, 36 (4): 789 - 808.

② BERGANTINOS G, GOMEZRUA M, LLORCA N, et al. Allocating costs in set covering problems [J]. European journal of operational research, 2020, 284 (3): 1074 - 1087.

③ SÁNCHEZ-SORIANO J, LOPEZ M A, GARCIA-JURADO I. On the core of transportation games [J]. Mathematical social sciences, 2001, 41 (2): 215 - 225.

④ SÁHCHEZ-SORIANO J, LLORCE N, et al. An integrated transport system for Alacant's students [J]. Annals of operations research, 2002, 109 (1): 41 - 60.

了运输分配计划中的核仁和夏普利值。[①] Fragnelli 等人（2000）从公共费用出发，将公共费用问题转化为持续运作的博弈模型，确定了基于核仁的费用计算方式。[②] Doll（2003）借助夏普利值，根据国家政府部门的要求分摊相关问题成本。[③]

张启平等人（2014）对决策过程中的成本分摊进行分析研究，运用 DEA 均衡模型建立了有效型成本分摊模型和受益型成本分摊模型。[④] 林健等人（2014）讨论了基于模糊数值偏好均值求解夏普利值的方法，解决了联盟中存在不同信息偏好的问题。[⑤] 杨翠兰（2012）针对知识链成本分摊问题，提出应用 3 个参与者进行核仁的求解方法，通过采用“并联—串联”式结构，在供应、生产、销售环节上分配成本，提高知识链的稳定性，为合作博弈成本分摊问题提供了思路。[⑥] 艾兴政等人（2010）通过构建价格优势竞争博弈模型，确定了联盟的博弈过程及联盟利润分摊的关键要素，并重点研究了竞争驱动、价格优势对利润分配的影响。[⑦] 鲍新中等人（2009）基于合作博弈理论建立了第三方集成供应的成本分摊模型，同时针对难以对夏普利值进行求解的问题，在赋值过程中，引入了集成供应的批量模型，有效解决第三方物流在经济订货方面的供应问题。[⑧]

Lin（2011）将成本分配作为决策单元，对额外增加的要素进行有效性评

---

① ENGEVALL S, et al. The heterogeneous vehicle-routing game [J]. Transportation science, 2004, 38 (1): 71 -85.

② FRAGNELLI V, GARCÄA-JURADO I, NORDE H, et al. How to share railways infrastructure costs? In game practice: contributions from applied game theory [C]. Amsterdam: Kluwer Academic Publishers, 2000: 91 -102.

③ DOLL C. Fair and economically sustainable charges for the use of motorway infrastructure [R]. Working paper, 2003.

④ 张启平，刘业政，李勇军. 考虑受益性的固定成本分摊 DEA 纳什讨价还价模型 [J]. 系统工程理论与实践，2014，34（3）：756 -767.

⑤ 林健，张强. 具有模糊联盟值的带偏好合作对策的 Shapley 值 [J]. 系统管理学报，2014，23（2）：217 -223.

⑥ 杨翠兰. 基于博弈论的知识链成本分摊研究 [J]. 工业工程，2012，15（4）：83 -88.

⑦ 艾兴政，马建华，唐小我. 不确定环境下链与链竞争纵向联盟与收益分享 [J]. 管理科学学报，2010，13（7）：1 -8.

⑧ 鲍新中，刘澄，张建斌. 基于 EOQ 的集成供应成本分摊问题研究 [J]. 中国管理科学，2009，19（1）：101 -106.

价，通过有效性效率和帕累托最优进行成本分配的分析研究，并对其应用的局限性给出了思路。[①] Agarwal 等人（2010）运用逆向规划确定了联盟参与人之间的转移支付分配方式，并求取了具有较好稳定性的核。[②] Drechsel 等人（2010）提出合作博弈的“列生成法”，研究了求逆向优化解的算法。[③] Lima 等人（2009）研究复杂系统的成本分摊问题，并明确了复杂系统在成本分配问题中起到的特殊效果。[④]

本章运用合作博弈理论，通过分析环保治污设备技术选择问题，构建污染型企业购买使用环保治污设备技术的成本分摊合作博弈模型，并把购买使用环保治污设备技术的成本、设备技术运营费用与处理未被治理的污染物的排污费作为总费用一同研究。通过分析成本分摊博弈的特性，求解核心解、夏普利值等，指出了满意度检验与联盟稳定性的关系。最后，对有附加治污需求的设备技术选择博弈进行了进一步的分析与讨论。

4.2　博弈问题的提出

在某一区域中（如工业园区），存在一定数量的污染型企业。污染型企业在环保治污设备技术的改造与提升上如有一致的需求和合作的可能，可以形成治污联盟，从而进行环保治污设备技术的成本分摊。

具体来说，对于能够形成治污联盟的所有污染型企业，首先每个企业均会因生产运作产生一定的污染物，并由此产生向外界排放在政府部门规定范围内的污染物所造成的排污费。其次，在治污联盟中，采用了一定数量、不同类型的环保设备和治污技术，每个污染型企业可以选择具有不同使用费用、运营费

① LIN R Y. Allocating fixed costs or resources and setting targets via data envelopment analysis [J]. Applied mathematics and computation, 2011, 217 (13): 6349 - 6358.

② AGARWAL R, ERGUN O. Network design and allocation mechanisms for carrier alliances in liner shipping [J]. Operation research, 2010, 58 (6): 1726 - 1734.

③ DRECHSEL J, KIMMS A. Computing core allocation in cooperative games with an application to cooperative procurement [J]. International journal of production economics, 2010, 128 (1): 310 - 321.

④ LIMA D A, PADILHA-FELTRIN A, CONTRERAS J. An overview on network cost allocation methods [J]. Electric power systems research, 2009, 79 (5): 750 - 758.

用和治污效率的环保设备和治污技术。值得说明的是，任何环保设备与治污技术都不能完全治理污染物，排放未被治理的污染物需要缴纳一定的排污费。即治污水平越高的设备技术，其使用与运营的费用越高，但企业负担的排污费越少。所以，对于污染型企业来说，需要充分考虑购买使用与运营治污设备技术的成本与排放未被治理的污染物需要缴纳的排污费。因此，总的费用能够公平地或稳定地在所有污染型企业之间进行合理分摊，可以有效促使不同的污染型企业产生形成治污联盟的动机。多个污染型企业共同购置并使用环保治污设备技术处理污染物，归结于环保治污设备技术的选取问题，成本分摊的目标即设计解决该问题的标准和方法。

4.2.1 符号定义

假设1：在某一工业园区中，存在多个具有一致需求和合作可能的能够形成治污联盟的污染型企业，即污染型企业集合 N。其中，污染型企业 i（$i \in N$）因生产运作产生污染物的量为 q_i。

假设2：在治污联盟中，存在一定数量的环保治污设备技术集合 G。其中，某一设备技术的购买使用费用为 g_j，对应的治污效率为 λ_j（$0 < \lambda_j < 1$）。且设备技术越先进，其购买使用费用越高，治污效率越高，即 $\forall j_1$，$j_2 \in G$。若 $g_{j_1} > g_{j_2}$，则 $\lambda_{j_1} > \lambda_{j_2}$。环保治污设备技术在使用过程中需要日常的经营和维护，会产生一定的运营费用 η_{ij}，该费用与处理污染型企业产生的污染物有关，即 $\eta_{ij} = \mu_j q_i$。其中，μ_j 表示某一设备技术的单位运营系数。

假设3：因任一环保治污设备技术都不能完全治理污染物，排放未被治理的污染物需要缴纳一定的排污费，假定排放单位污染物的排污费为 θ_i，则污染物经过设备技术进行治污处理后，污染型企业需要承担的排污费为 α_{ij}，且 $\alpha_{ij} = \theta_i (1 - \lambda_j) q_i$。

假设4：假定所有污染型企业产生的污染物之和不超过环保治污设备技术的治污承载量，每一个企业对环保治污设备技术无特别要求。同时，设备技术购买使用费用、运营费用与排污费为每个企业治污费用的总和。

假设5：为得出相对合理的结论，将复杂的博弈过程作符合经济管理规律的简单化处理，假定每个环保治污设备技术在使用中相互独立，且环保治污设备技术治理污染物的可变成本为0。

4.2.2　问题概述

定义合作博弈（N，c）如下：

$N=\{1, 2, 3, \cdots, n\}$（$n\geqslant 2$），表示某一工业园区内污染型企业的集合，N 为全联盟。N 的子集 S 为某一个联盟。其中，N 的所有子集的数目为 2^N。污染型企业自行决定独自购买使用环保治污设备技术或与其他企业合作购买使用环保治污设备技术。特征函数 c 表示为 2^N 到 R 的映射，即 c：$2^N\rightarrow R$，$c(\emptyset)=0$。$c(S)$ 为联盟 S 购买使用环保治污设备技术总费用的最小值，包括购买使用环保治污设备技术的成本、设备技术运营成本与排放未被治理的污染物需要缴纳的排污费。对于合作博弈来说，联盟能否形成取决于 $c(S)$，联盟是否稳定取决于如何在联盟中划分 $c(S)$。

问题1：$\forall i\in N$，$j\in G$，定义环保治污设备技术的选择问题[①]为：

$$\min \sum_{j\in G}\left[\left(g_j+\sum_{i\in N}\mu_j q_i\right)y_j+\sum_{i\in N}\theta_i(1-\lambda_j)q_i x_{ij}\right]$$

$$\begin{cases}\sum_{j\in G}x_{ij}=1, \forall i\in N \\ x_{ij}\leqslant y_j, \forall i\in N, j\in G \\ x_{ij}, y_j=0 \text{ 或 } 1, \forall i\in N, j\in G\end{cases} \tag{4.1}$$

其中，

$$y_j=\begin{cases}1 & \text{环保治污设备技术 } j \text{ 被选择}, j\in G \\ 0 & \text{否则}\end{cases}$$

$$x_{ij}=\begin{cases}1 & \text{污染型企业 } i \text{ 选择环保治污设备技术 } j, i\in N, j\in G \\ 0 & \text{否则}\end{cases}$$

① 郑士源．基于动态稳定性的运输联盟成本分摊规则［J］．上海交通大学学报，2013，47（3）：500－504.

问题2：对于给定的环保治污设备技术的选择问题，定义污染型企业购买使用环保治污设备技术的成本分摊合作博弈问题（N, c）[①] 为：

$$c(S) = \min_{\prod^s} \sum_{j \in G} [g_j + \sum_{i \in N} \mu_j q_i + \sum_{i \in N} \theta_i (1 - \lambda_j) q_i]$$

其中，全联盟的子集联盟$\prod s$满足以下约束集：

$$\begin{cases} \sum_{j \in G} x_{ij} = 1, \forall i \in N \\ x_{ij} \leqslant y_j, \forall i \in N, j \in G \\ x_{ij}, y_j = 0 \text{ 或 } 1, \forall i \in N, j \in G \end{cases} \tag{4.2}$$

4.3 成本分摊博弈的特性

定理1：求解环保治污设备技术成本分摊问题的核等价于环保治污设备技术选择问题的松弛线性规划的对偶解。当且仅当该选择问题的松弛线性规划不存在整数间距时，原成本分摊博弈问题存在非空核。[②]

证明：$\forall i \in N$, $j \in G$, $S \subseteq N$，定义环保治污设备技术选择问题的松弛线性规划的对偶问题为：

$$\begin{cases} \max \{ \sum_{i \in N} z_i \} \\ z_i \leqslant l_{ij} + m_{ij} \\ \sum_{i \in N} m_{ij} \leqslant g \\ m_{ij} \geqslant 0_j \end{cases} \tag{4.3}$$

① 郑士源．基于核心解的运输联盟的成本分摊［J］．系统工程，2013（8）：47－53.
② 郑士源．基于核心解的运输联盟的成本分摊［J］．系统工程，2013（8）：47－53.

由（4.3）式可得：

$$\begin{cases} \max\ \{\sum_{i\in N} z_i\} \\ \sum_{i\in S} z_i \leqslant g_j + \sum_{i\in S} l_{ij} \end{cases} \tag{4.4}$$

由（4.4）式可得：

$$\begin{cases} \sum_{i\in S} z_i \leqslant \min\{g_j + \sum_{i\in S} l_{ij}\} \\ \sum_{i\in N} z_i \leqslant \min\ \{g_j + \sum_{i\in N} l_{ij}\} \end{cases} \tag{4.5}$$

因该环保治污设备技术成本分摊博弈特征函数 c 具有次加性，得（4.5）式的最优解是成本分摊博弈（N，c）的核心。又因对偶问题的约束强于（4.5）式的约束，故对偶问题的最优解亦为成本分摊博弈（N，c）的核心。由于c（S）为设备技术选择问题的最优解，当该选择问题的松弛线性规划没有整数间距时，原成本分摊博弈问题核非空。证毕。

定理2：环保治污设备技术选择问题中的污染型企业承担的排污费 α_{ij}是可供选择的环保治污设备技术 j 的单峰函数。①

证明：单峰函数，即存在一个设施的序列1，2，…，m，对于∀污染型企业 i，存在某个设施j，使得$j\leqslant j^*$时，α_{ij}非增；$j\geqslant j^*$时，α_{ij}非降。

因 $\alpha_{ij}=\theta_i$（$1-\lambda_j$）q_i，当污染型企业 i 确定时，θ_i、q_i 不变。若所有环保治污设备技术按照 λ_j 的递增（或递减）顺序进行排列，则 α_{ij}是单峰函数。

证毕。

① 郑士源．基于核心解的运输联盟的成本分摊［J］．系统工程，2013（8）：47－53.

4.4 环保治污设备技术成本分摊博弈的核求取

合作博弈有多种形式的解，如稳定集、内核与核仁、夏普利值等。其中，核是合作博弈众多解的形式里最为重要的应用。作为一种公平稳定的分配方案，该方案优于任何参与人的子集从全联盟中撤出，构成新联盟的分配，即核确保联盟无从全联盟中独自撤离的动机，保证了联盟的稳定。因此，核表明核配置同时符合集体理性与个体理性。①

定义污染型企业环保治污设备技术成本 z 分摊合作博弈问题的核如下：

$$Core(c) = \left\{ z \in R^N \,\middle|\, \begin{array}{c} \sum_{i \in N} z_i = c(N) \\ \sum_{i \in S} z_i \leqslant c(S), \forall S \subseteq N \end{array} \right\} \tag{4.6}$$

合作博弈的核包括空和非空两种情况。当核为空时，核仁存在，且是唯一值。当核为非空时，该合作博弈为平衡博弈，核中存在核仁，而夏普利值虽不确定是否在核中，却是唯一存在的确定值。下面主要分析博弈问题中核是否非空以及核的求取，并讨论满意度检验与治污联盟稳定性的关系。

4.4.1 核非空

对于合作博弈来说，核心解的求取与博弈中参与人的总数 N 有关，即该求解过程需要同时考虑 1 个等式和 2（$n-1$）个不等式。因此，当 N 的数目不确定或当 N 较大时，合作博弈核心解的获取过程也会变得较为复杂。

在合作博弈中，有一种特殊的博弈类型——子模博弈。对所有的 $w \in N$ 和 S，$T \subset N$，有 $S \subset T \subset N-\{w\}$，若 $c(S \cup \{w\}) - c(S) \geqslant c(T \cup \{w\}) - c(T)$ 成立，则博弈被称为子模博弈。子模博弈具有很好的特性，如博弈的核是唯一的

① 董保民，王运通，郭桂霞. 合作博弈论［M］. 北京：中国市场出版社，2008.

稳定集，且与讨价还价集重合；核非空且是其边际向量的凸组合；夏普利值在核内且是核的重心；核仁存在于核中、内核和核仁重合等。因此，如果能够证明环保治污设备技术成本分摊博弈是子模博弈，则可以确定核非空，且可以通过求取边际向量的凸组合、夏普利值等间接得到核。

定理3：环保治污设备技术成本分摊博弈（N，c）是子模博弈。①

证明：对于博弈（N，c），考虑联盟S和$S\cup\{w\}$。

令$c(S,\{w\})=c(S\cup\{w\})-c(S)$，则

$$c(S,\{w\}) = g^{S\cup\{w\}} + \sum_{i\in S\cup\{w\}}\mu^{S\cup\{w\}}q_i + \sum_{i\in S\cup\{w\}}\theta_i(1-\lambda^{S\cup\{w\}})q_i - g^S - \sum_{i\in S}\mu^S q_i - \sum_{i\in S}\theta_i(1-\lambda^S)q_i \tag{4.7}$$

因博弈（N，c）是次可加的，有

$$\begin{aligned} c(S\cup\{w\}) &= g^{S\cup\{w\}} + \sum_{i\in S\cup\{w\}}\mu^{S\cup\{w\}}q_i + \sum_{i\in S\cup\{w\}}\theta_i(1-\lambda^{S\cup\{w\}})q_i \\ &\leqslant g^S + \sum_{i\in S\cup\{w\}}\mu^S q_i + \sum_{i\in S\cup\{w\}}\theta_i(1-\lambda^S)q_i \end{aligned} \tag{4.8}$$

$$\begin{aligned} c(S) &= g^S + \sum_{i\in S}\mu^S q_i + \sum_{i\in S}\theta_i(1-\lambda^S)q_i \\ &\leqslant g^{S\cup\{w\}} + \sum_{i\in S}\mu^{S\cup\{w\}}q_i + \sum_{i\in S}\theta_i(1-\lambda^{S\cup\{w\}})q_i \end{aligned} \tag{4.9}$$

将（4.8）式、（4.9）式代入（4.7）式，得

$$\mu^{S\cup\{w\}}q_w + \theta_w(1-\lambda^{S\cup\{w\}})q_w \leqslant c(S,\{w\}) \leqslant \mu^S q_w + \theta_w(1-\lambda^S)q_w \tag{4.10}$$

① 鲍新中，王道平．产学研合作创新成本分摊和收益分配的博弈分析［J］．研究与发展管理，2010，22（5）：75－81．

类似地，得

$$\mu^{T\cup\{w\}}q_w+\theta_w(1-\lambda^{T\cup\{w\}})q_w\leqslant c(T,\{w\})\leqslant\mu^{T}q_w+\theta_w(1-\lambda^{T})q_w \tag{4.11}$$

由（4.10）式、（4.11）式，得

$$c(S,\{w\})-c(T,\{w\})\geqslant(\mu^{S\cup\{w\}}-\mu^{T})q_w+\theta_w(\lambda^{S\cup\{w\}}-\lambda^{T})q_w \tag{4.12}$$

又

$$\begin{aligned}c(S,\{w\})-c(T,\{w\})=\;&g^{S\cup\{w\}}+\sum_{i\in S\cup\{w\}}\mu^{S\cup\{w\}}q_i+\sum_{i\in S\cup\{w\}}\theta_i(1-\lambda^{S\cup\{w\}})\\&q_i-g^{S}-\sum_{i\in S}\mu^{S}q_i-\sum_{i\in S}\theta_i(1-\lambda^{S})-g^{T\cup\{w\}}-\\&\sum_{i\in T\cup\{w\}}\mu^{T\cup\{w\}}q_i-\sum_{i\in T\cup\{w\}}\theta_i(1-\lambda^{T\cup\{w\}})q_i+g^{T}+\\&\sum_{i\in T}\mu^{T}q_i+\sum_{i\in T}\theta_i(1-\lambda^{T})q_i\end{aligned} \tag{4.13}$$

结合（4.8）式、（4.9）式，得

$$c(S,\{w\})-c(T,\{w\})\geqslant\sum_{i\in T-S}(\mu^{T}-\mu^{S\cup\{w\}})q_i+\sum_{i\in T-S}\theta_i(\lambda^{T}-\lambda^{S\cup\{w\}})q_i \tag{4.14}$$

若 $\lambda^{S\cup\{w\}}\geqslant\lambda^{T}$，由（4.12）式得（4.14）式非负；若 $\lambda^{S\cup\{w\}}\leqslant\lambda^{T}$，亦得（4.14）式非负。

所以，得

$c(S\cup\{w\})-c(S)\geqslant c(T\cup\{w\})-c(T)$，即博弈 (N,c) 是子模博弈。

证毕。

环保治污设备技术成本分摊博弈（N, c）是子模博弈，可以确定核非空，因此可以通过求取边际向量的凸组合、夏普利值等获得博弈的核心解。

π 是 N 的一个排列，环保治污设备技术成本分摊博弈（N, c）的边际向量 $m^{\pi}(c) \equiv c(P(\pi, i) \cup \{i\}) - c(P(\pi, i))$。其中，$P(\pi, i) \equiv \{h \in N \mid \pi(h) < \pi(i)\}$，表示在排列 π 中排在污染型企业 i 前面的企业集合。

因环保治污设备技术成本分摊博弈是子模博弈，具有一些良好的特性，因此博弈（N, c）的核分配向量 $z = (z_1, z_2, \cdots, z_n) = (\sum_{i \in \pi(i)} \mu_i m_1^{\pi}, \sum_{i \in \pi(i)} \mu_i m_2^{\pi}, \cdots, \sum_{i \in \pi(i)} \mu_i m_n^{\pi})$，且 $\sum_{i \in \pi(i)} \mu_i = 1$。

4.4.2 夏普利值

根据随机序列值得出环保治污设备技术成本分摊博弈（N, c）的夏普利值 $\phi_i(c) = \frac{1}{n!} \sum_{\sigma} \pi_i^{\sigma}(c)$。其中，$\sigma = (i_1, i_2, \cdots, i_n)$ 表示 $\{1, 2, \cdots, n\}$ 的一个给定的排序。此时，夏普利值是成本增加值的算术平均数，也是污染型企业 i 边际贡献的期望。

4.4.3 满意度检验与联盟稳定性关系

对于成本分摊问题来说，其值得注意的一个关键点是治污联盟中的每个污染型企业本身独自负担的成本大于等于其参与联盟所导致的增量成本。所以，治污联盟里的各个污染型企业都尽量地靠近边际成本，即缩小成本分摊结果与期望的差值，如果缩小差值则企业的满意度会增加，反之则会降低。

Derringer 提出用线性函数表征满意度，即 $f = \frac{d - d_{min}}{d_{max} - d_{min}}$。① 其中，$d$ 表示实际值，d_{max}、d_{min} 分别表示实际值的上下变化限值。根据该线性满意度函数，构

① DERRINGER G, SUICH R. Simultaneous optimization of several response variables [J]. Journal of quality technology, 1980, 12 (4): 214-219.

建治污联盟中的各个污染型企业的满意度函数，即$f_i=\frac{\phi_i-c\ (i)}{c\hat{}(i)\ \ -c\ (i)}$。其中，$\phi_i$ 表示第 i 个企业分摊的成本，$c\ (i)$ 表示第 i 个企业单独购买使用环保治污设备技术所需的费用，$c\hat{}(i)$ 表示第 i 个企业对治污联盟的边际成本。各个污染型企业的满意度越高，满意度差值越小，治污联盟越稳定，即成本分摊方案具有一定的合理性。

4.5 算例分析

为了进一步验证结论的正确性，并进行深入的探讨，将对上述博弈模型进行算例分析。

4.5.1 参数假定

考虑在某一工业园区内，有 3 个污染型企业构成企业集合 $N=\{1,\ 2,\ 3\}$，有 3 个可供污染型企业合作购买使用的环保治污设备技术，构成可供选择的环保治污设备技术集合 $G=\{A,\ B,\ C\}$。假定 3 个污染型企业排放污染物的总和在所有环保治污设备技术的承载容量以内。污染型企业对应的因生产运作产生的污染物量、单位排污费，环保治污设备技术对应的购买使用费用、单位运营费用、治污效率，如表 4－1 所示。

表 4－1　污染型企业和环保治污设备技术的参数设定

污染型企业	1	2	3
污染物量	20	25	30
单位排污费	1.5	2.0	2.5
环保治污设备技术	*A*	*B*	*C*
购买使用费用	10	15	20
单位运营费用	1	1.1	1.2
治污效率	0.5	0.6	0.7

4.5.2 数值计算

因环保治污设备技术成本分摊问题属于子模博弈，则核构成边际向量的凸组合，夏普利值位于核的极点重心。

首先根据假定的参数计算各个治污联盟的特征函数值，即 $c(S)$ ，如表4－2所示。其中，$S \subseteq N$。

表4－2 博弈的特征函数值

S	{1}	{2}	{3}	{1，2}	{1，3}	{2，3}	{1，2，3}
$c(S)$	45	60	77.5	95	111.5	123.5	156.5

再根据表4－2的结果计算博弈的边际向量，如表4－3所示。

表4－3 博弈的边际向量

S	m_1^π	m_2^π	m_3^π
(1，2，3)	45	50	61.5
(1，3，2)	45	45	66.5
(2，1，3)	35	60	61.5
(2，3，1)	33	60	63.5
(3，1，2)	34	45	77.5
(3，2，1)	33	46	77.5

最后计算博弈的夏普利值，如表4－4所示。

表4－4 博弈的夏普利值

S	{1}	{2}	{3}
$\phi(S)$	37.5	51	68

4.5.3 图示验证

根据表 4－2 的结果，计算博弈的核心分配向量 $z=(z_1, z_2, z_3)$ 的约束条件。

$$33=c(1,2,3)-c(2,3)\leq z_1\leq c(1)=45$$

$$45=c(1,2,3)-c(1,3)\leq z_2\leq c(2)=60$$

$$61.5=c(1,2,3)-c(1,2)\leq z_3\leq c(3)=77.5$$

将核心示于图 4－1 中，其中多边形 *abcdef* 所在区域代表核心，博弈的边际向量是核心的顶点，夏普利值是核的极点重心。其中，各顶点为 a（45，50，61.5），b（45，45，66.5），c（35，60，61.5），d（33，60，63.5），e（34，45，77.5），f（33，46，77.5）。

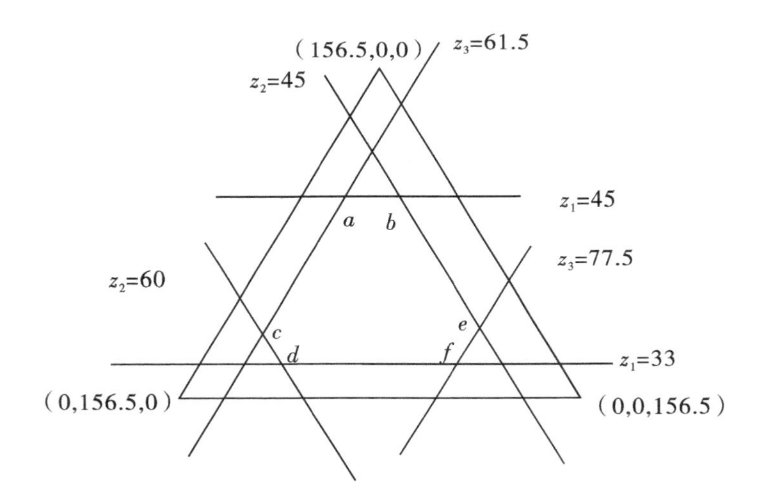

图 4－1 博弈的核图示

4.5.4 条件检验与满意度检验

首先进行有效性检验，即验证 $\sum_{i\in N}\phi_i = c(N)$ 是否成立。经检验，$\phi(1)+\phi(2)+\phi(3)=c(1,2,3)$，即污染型企业治污联盟的有效性。其次进行个体理性检验，即验证 $\phi_i \leqslant c(i)$。经检验，各个污染型企业分摊的成本均小于各自独自承担的成本。再次进行集体理性检验，即验证 $c(N)\leqslant \sum_{i\in N}c(i)$。经检验，形成治污联盟后的总成本要小于每个污染型企业独自购买使用环保治污设备技术的成本的和。最后，进行满意度检验。根据满意度验证的公式，得 $f_1=62.5$，$f_2=60$，$f_3=59.375$。各个污染型企业的满意度差值较小，说明治污联盟有较高的稳定性。

4.6 有附加治污需求的设备技术选择博弈

前面对污染型企业形成治污联盟购买使用环保治污设备技术的分析，仅仅考虑了污染物对设备技术的一般治污需求。在实际生产运作中，不同的企业有排放特殊污染物的可能，因此企业还需考虑根据自身需要单独调节设备技术的治污效率。

问题3：假定环保治污设备技术 j 治理单位污染物的附加治污效率为 χ_j，环保治污设备技术 j 治理单位污染物的附加运营系数为 $\bar{\mu}_j$，针对有附加治污效率需求的环保治污设备技术选择问题，定义污染型企业购买使用环保治污设备技术的成本分摊合作博弈问题（N，c^*）如下：

$$c^*(S)=\min_{\prod^s}\sum_{j\in G}\left[g_j+\sum_{i\in N}(\mu_j q_{i1}+\bar{\mu}_j q_{i2})+\sum_{i\in N}\theta_i(1-\lambda_j)q_{i1}+\sum_{i\in N}\theta_i(1-\chi_j)q_{i2}\right] \tag{4.15}$$

其中，$q_i=q_{i1}+q_{i2}$。

定理4：环保治污设备技术选择问题松弛线性规划的最优解为整数，是有附加治污需求的环保治污设备技术的成本分摊问题核非空的充要条件。

证明：在无容量设施选址博弈的研究中，Driessen 分析得出当且仅当松弛线性规划不存在整数间距时，选址博弈存在非空核。①

在有附加治污需求的环保治污设备技术选择问题中，有 $\alpha_{ij}=\theta_i\ (1-\lambda_j)\ q_{i1}+\theta_i\ (1-\chi_j)\ q_{i2}$，即可将该有附加治污需求的设备技术选择问题当作一个无约束的选址问题。在该问题中，固定费用为 g_j，连接费用为 α_{ij}，即与定理4相一致。

证毕。

定理5：对于有附加治污需求的环保治污设备技术的成本分摊博弈问题 $(N,\ c^*)$，考虑联盟 S 和 $S\cup\{v\}$，则有 $g^{S\cup\{v\}}\geqslant g^S$。

证明：因为

$$c^*(S\cup\{v\})=g^{S\cup\{v\}}+\sum_{i\in S\cup\{v\}}(\mu^{S\cup\{v\}}q_{i1}+\bar{\mu}^{S\cup\{v\}}q_{i2})+\sum_{i\in S\cup\{v\}}\theta_i(1-\lambda^{S\cup\{v\}})q_{i1}+\sum_{i\in S\cup\{v\}}\theta_i(1-\chi^{S\cup\{v\}})q_{i2}\leqslant g^S+\sum_{i\in S\cup\{v\}}(\mu^S q_{i1}+\bar{\mu}^S q_{i2})+\sum_{i\in S\cup\{v\}}\theta_i(1-\lambda^S)q_{i1}+\sum_{i\in S\cup\{v\}}\theta_i(1-\chi^S)q_{i2} \tag{4.16}$$

$$c^*(S)=g^S+\sum_{i\in S}(\mu^S q_{i1}+\bar{\mu}^S q_{i2})+\sum_{i\in S}\theta_i(1-\lambda^S)q_{i1}+\sum_{i\in S}\theta_i(1-\chi^S)q_{i2}\leqslant g^{S\cup\{v\}}+\sum_{i\in S}(\mu^{S\cup\{v\}}q_{i1}+\bar{\mu}^{S\cup\{v\}}q_{i2})+\sum_{i\in S}\theta_i(1-\lambda^{S\cup\{v\}})q_{i1}+\sum_{i\in S}\theta_i(1-\chi^{S\cup\{v\}})q_{i2} \tag{4.17}$$

由（4.16）式、（4.17）式，得

$$\mu^{S\cup\{v\}}+\bar{\mu}^{S\cup\{v\}}+\lambda^{S\cup\{v\}}+\chi^{S\cup\{v\}}\geqslant\mu^S+\bar{\mu}^S+\lambda^S+\chi^S，\text{即}\ g^{S\cup\{v\}}\geqslant g^S。$$

① DRIESSEN T. Cooperative games, solutions and applications [M]. Amsterdam: Kluwer Academic Publishers, 1988.

证毕。

定理5表明，对于有附加治污需求的成本分摊博弈，当治污联盟中的污染型企业数量越多时，联盟中的企业倾向于增加购买使用环保治污设备技术的费用，即通过选择较为昂贵的设备技术，获得较高的污染治理效率及附加治污效率。

本章小结

伴随我国经济社会的进步，污染型企业的环境污染和破坏问题逐步凸显出来。部分污染型企业因自身能力有限或治污成本过高，无法达到政府部门规定的环保标准，成为政府治理环境的重点与难点。然而，某一区域中（如工业园区）的一些污染型企业如在环保治污设备技术的改造与提升上有一致的需求和合作的可能，可形成治污联盟，进行环保治污设备技术的成本分摊。

本章主要运用合作博弈，通过分析环保治污设备技术选择问题，构建污染型企业购买使用环保治污设备技术的基于成本分摊问题的合作博弈模型，并把购买使用环保治污设备技术的成本、设备技术运营费用与排放未被治理污染物需要缴纳的排污费作为总费用一同研究。通过分析成本分摊博弈的特性，如核与松弛线性规划对偶最优解之间的关系以及排污费与环保治污设备技术的函数关系，进一步证明了该博弈模型为子模博弈，运用子模博弈的性质求解核、夏普利值等，指出联盟稳定性与满意度检验之间的联系，并进行算例分析。最后，分析了有附加治污需求的环保治污设备技术选择博弈，研究了治污联盟成员的增加对环保治污设备技术需求产生的影响。

作为一种公平稳定的分配方案，核的分配方案优于任何参与人的子集从全联盟中撤出，构成新联盟的分配，具有集体理性和个体理性的特性。但是，因核的求取与博弈中参与人的总数有关，当总数不确定或较大时，合作博弈核的求取过程会变得较为复杂。因此，本章的创新点在于证明该博弈模型为子模博弈，通过运用子模博弈的良好性质求解博弈的核、夏普利值等。

基于合作博弈的成本分配机制是定价机制研究的基础，也是污染型企业联合治污发展的关键。然而本章研究的成本分摊博弈模型，主要基于将复杂的博弈过程作符合经济管理规律的简单化处理，得出较为基础的结论。因此，进一步的研究可以将实际生产运作中的不同情况构建成不同约束条件的成本分摊博弈模型，如存在容量约束的成本分摊问题[①]。在对这些博弈问题进行核的求解过程中，如有解的困难性和多重性，可适当进行启发式算法求解[②]，并进行进一步研究。

① 李斌，彭星．环境机制设计、技术创新与低碳绿色经济发展［J］．社会科学，2013（6）：50－57.

② DUBOIS P，VUKINA T. Optimal incentives under moral hazard and heterogeneous agents：evidence from production contracts data［J］. International journal of industrial organization，2009，27（4）：489－500.

5 基于逆向归纳法的不同研发策略下政府补贴政策研究

5.1 引言

世界正处于一个经济全球化和科学技术迅猛发展的崭新时代，企业的规模越来越大，内容越来越复杂，范围越来越广，成为推动社会经济发展的绝对力量。然而，一部分企业在实际生产与运作过程中形成的废气、废水和固体废弃物对周围环境造成一定污染与破坏，成为对社会和环境造成损害的污染型企业。这些污染物严重地破坏自然资源和生态平衡，不仅危害着广大人民群众的健康，也对企业自身的设施设备及其发展带来损害与阻碍。因此，如何科学地认识污染型企业的特点，确保其建设施工与实际运营期间的安全性以及与周围环境的可持续协调发展，实现经济效益、社会效益、环境效益的最大化，与政府部门的监管和合理引导有着密不可分的关系。

目前，政府部门对污染型企业环保问题的管理主要集中在两个方面[①]：第一，对于尚未建设以及处于筹建中的污染型企业，对其立项制定了科学严格的标准。第二，对于已经建成并投入使用的污染型企业，对其进行及时合理全面的环境影响评价。针对存在环境问题及环保隐患的污染型企业，规定企业自身进行环保治污设备技术的改造与提升，禁止企业非法排污。第二种污染型企业中的部分企业因治污成本过高或自身设备技术有限，其处理污染物的能力和水

① HARRINGTON D R . Effectiveness of state pollution prevention programs and policies [J]. Contemporary economic policy, 2013, 31 (2): 255-278.

平无法达到政府部门规定的污染物达标排放的标准。因此，政府部门针对污染型企业的不同情况，制定不同的环保治污设备技术研发策略，并对企业给予不同程度的政府补贴，支持并鼓励企业进行相关环保治污设备技术的研发，确保污染型企业与社会、环境可持续协调发展。补贴也是一种针对不完善的企业治污环境，提高治污投资的激励。

一般来说，研发分为治污设备研发和治污技术研发。[①] 其中，治污设备研发指的是通过一定的资金投入，研究开发一种新的具有较高治污能力的治污设备；治污技术研发指的是通过投入研究，开发一种技术降低企业治污成本。治污设备研发与治污技术研发都是弥补污染型企业先前治污能力的不足，满足污染型企业处理污染物的需求。这两种研发均是通过提高治污效率，降低治污成本，生产环境友好型产品，提高产品环保质量，最终间接影响消费者的采购与使用效用函数。在设备研发与技术研发的方式上，污染型企业根据自身的情况选择独自研发或与其他企业进行合作研发。而研发方式的选择主要受到溢出的影响，设备技术溢出指的是企业不通过交易市场免费获得其他企业创造的信息，即不存在有效的知识产权保护制度。[②] 具体来说，当没有溢出时，企业存在对设备技术研发资金过度投入的倾向；当溢出存在时，企业存在设备技术研发资金不足的可能。针对溢出，企业虽无法阻止其他企业免费获得企业自身的研发成果，但可以通过合作研发将设备技术成果的外部性内在化。因此，政府对污染型企业进行补贴的方式主要有对企业研发投入实行按比例的补贴，以及根据企业研发成果的价值实行补贴。

对于环保治污设备技术科研投资与政府部门给予相应研发补贴政策的研究较为广泛。国内一些学者对企业之间在共同研发过程中的成本分配问题进行了

---

① JAFFE J, RANSON M, STAVINS R N. Linking tradable permit systems: a key element of emerging international climate policy architecture [J]. Ecology law quarterly, 2010, 36 (4): 789 - 808.

② GRAY W B, SHIMSHACK J P. The effectiveness of environmental monitoring and enforcement: a review of the empirical evidence [J]. Review environmental economics and policy, 2011, 5 (1): 3 - 24.

研究。[①] 王玮等人（2015）通过构建不同条件下的博弈模型，研究了技术溢出以及参与者之间的“双重边际效应”影响因素。[②] 凌超等人（2015）研究发现纵向结构的产业链对于国家创新机制的应用具有特殊的作用。[③] 李友东等人（2014）通过求解供应链两端的纳什均衡博弈模型，分析了政府补贴政策对低碳研发过程的有利影响。[④] 杨子川（2013）考虑在第三国市场模型中分析一个中间品垄断企业分别向位于本国和外国的下游企业同时出口中间品时，一国政府的战略性研发政策。[⑤] 赵丹等人（2012）重新定义博弈模型假定条件，在分析技术许可制度背景下，构建了一个多阶段过程的研发对比模型。[⑥] 林江等人（2011）通过讨论新型研发成本影响变量，将企业自身、全球网络与市场竞争者集中在一个整体结构中进行深入研究。[⑦]

Laukkanen（2014）认为政策措施和实施效果因存在时间滞后效应，导致了补贴效果评估的困难，需要进一步通过具体应用情况分析问题的解决方法。[⑧] Gil-Molto 等人（2011）重点研究了补贴强度中的技术溢出影响因素。[⑨] Gilbert 等人（2003）分析了供应链上游对价格本身的约束关系，及对其下游研发方

① WANG S Y，FAN J，ZHAO D T，et al. The impact of government subsidies or penalties for new-energy vehicles：a static and evolutionary game model analysis [J]. Journal of transport economics and policy，2015，49（1）：97－115.

② 王玮，陈丽华．技术溢出效应下供应商与政府的研发补贴策略 [J]．科学学研究，2015，33（3）：363－368.

③ 凌超，郁义鸿．产业链纵向结构与创新扶持政策指向：以中国汽车产业为例 [J]．经济与管理研究，2015（2）：74－80.

④ 李友东，赵道致．考虑政府补贴的低碳供应链研发成本分摊比较研究 [J]．软科学，2014，28（2）：21－26.

⑤ 杨子川．生产分割，异质产品与战略性研发政策 [J]．世界经济研究，2013（6）：16－21.

⑥ 赵丹，王宗军．消费者剩余、技术许可选择与双边政府 R&D 补贴 [J]．科研管理，2012，33（2）：88－96.

⑦ 林江，秦军，黄亮雄，等．政府补贴对引资竞争的作用研究 [J]．财经问题研究，2011（7）：75－82.

⑧ LAUKKANEN M，NAUGES C. Evaluating greening farm policies：a structural model for assessing agri-environmental subsidies [J]. Land economics，2014，90（3）：458－481.

⑨ GIL-MOLTO M J，POYAGO-THEOTOKY J，ZIKOS V. R&D subsidies，spillovers and privatization in mixed markets [J]. Southern economic journal，2011，78（1）：233－255.

式产生的影响。[①]

本章通过构建包含一个政府部门和两个生产同质产品的污染型企业的三阶段博弈模型，分别研究在独立研发和合作研发方式下两种不同标准的政府补贴政策，用逆向归纳法分析每个博弈情况下的最优产量、最优研发水平、最优补贴。最后对不同研发方式和补贴标准政策进行对比与讨论。

5.2 基本模型

针对企业环保治污设备技术不同研发策略下的政府补贴政策问题，主要研究包含一个政府部门和两个生产同质产品的污染型企业的博弈模型。该模型中，两个污染型企业在环保治污设备技术研发上，存在一致的需求和合作的可能，即两个企业的研发活动有溢出发生。企业可以选择单独进行环保治污设备技术的研发，也可通过合作形成治污联盟，共同进行研发。其中，这种共同研发属于卡特尔合作形式[②]，即企业之间共同分享研究信息并协调研究开发的支出，以最大化两者的共同收益。

在实际进行的博弈中，政府部门和污染型企业存在博弈双方的行动顺序问题。首先，政府部门对进行环保治污设备技术研发的污染型企业给予一定的补贴，包括对企业研发投入实行按比例的补贴，以及根据企业研发成果的价值实行补贴。其次，污染型企业根据内外部实际情况自由选择合作或不合作进行环保治污设备技术的研发，并确定其研发的投入与水平。最后，污染型企业经过污染物处理后生产出具有较高环保质量的绿色生态环保型产品，在市场上进行古诺竞争。

① GILBERT S M，CVSA V. Strategic commitment to price to stimulate downstream innovation in a supply chain [J]. European journal of operational research，2003，150 (3)：617-639.

② KAMIEN M，MULLER E，ZANG I. Research joint ventures and R&D cartels [J]. American economic review，1992，82 (5)：1293-1306.

5.3 前提假设

为了获得较为科学的结论，把繁杂的博弈问题进行简约化处理，下面提出一些与管理和经济理论相切合的基础假设。

假设1：某一地区存在一个政府部门和两个生产同类无差别产品、排放相同污染源的污染型企业。

假设2：污染型企业 i（$i=1, 2$）的产量为 q_i，在产品市场上的反需求函数为 $p_i = a - bQ$。其中，p_i 表示市场价格，Q 表示该地区的生产总量（$Q = \sum_{i=1}^{2} q_i = q_1 + q_2$），$a$ 表示市场规模，b 表示价格需求弹性。且 a、b 为常数，满足 $a>0$、$b>0$、$a-bQ>0$，产品市场的消费者剩余函数为 $\varphi = \frac{1}{2}bQ^2$。

假设3：污染型企业 i 的生产成本函数用线性形式表示，即 $C_i = C_1q_i + C_0$。其中，C_1 表示单位产量的可变成本，C_0 表示固定生产成本。

假设4：在生产过程中，污染型企业 i 生产单位产品的排污水平为 μ_i，则企业 i 向外部环境排放污染物的总量为 $e_i = \mu_i q_i$。

假设5：当污染型企业 i 进行环保治污设备技术研发时，其研发的成本投入为 $E_{i1} = \frac{1}{2}\theta t_i^2$。① 其中，$\theta$ 表示设备技术研发的效率，是企业以总利润最大为目标确定的研发投入水平，其值越小代表企业的研发能力越强；t_i 表示企业因设备技术研发投入减少的污染物排放量。其最终的污染物排放量为 $e_i^* = e_i - t_i$。

假设6：污染型企业 i 在政府部门规定的范围内达标排放污染物，企业的排污权交易成本函数为 $E_{i2} = p_e e_i^*$。其中，p_e 为单位排污权交易价格。

假设7：当两个污染型企业根据实际情况选择形成治污联盟共同进行环保

① MATSUMURA T，MATSUSHIMA N. Endogenous cost differentials between public and private enterprises：a mixed duopoly approach [J]. Economica，2004，71 (284)：671 -688.

治污设备技术的研发时，污染型企业 i 污染物排放量的减少量为 $t_i+\beta t_{3-i}$。[①] 其中，β 表示企业形成治污联盟的溢出率，$0\leqslant\beta\leqslant1$。当 $\beta=0$ 时，表示知识产权保护制度较为完善，企业创造的信息为企业自身独享。当 $\beta=1$ 时，表示知识产权保护制度存在相当大的漏洞，企业自身创造的信息在企业之间共享。因此，在两个企业进行合作研发时，污染型企业 i 投入的环保治污设备技术研发成本可以使得其他企业的污染物排放量有效减少。对于污染型企业 i 而言，在进行研发投入后，其最终的污染物排放量为 $e_i^*=e_i-(t_i+\beta t_{3-i})$。

假设8：无论污染型企业 i 是否选择形成治污联盟共同研发环保治污设备技术，政府部门都会以某种形式对其给予一定的补贴。当对企业研发投入实行按比例的补贴时，以降低的污染物排放量为补贴标准，即 $S_i=\frac{1}{2}S_1\theta t_i^2$。其中，$S_1$ 为政府部门根据社会总效益设定的补贴率，即 $0\leqslant S_i\leqslant1$。当根据企业研发成果的价值实行补贴时，以产量为补贴标准，即 $S_i=S_2q_i$。其中，S_2 为政府部门对企业单位产量的补贴额。两项标准为政府部门设定的相互独立且具有排他性的补贴政策。在后面博弈模型的求解过程中将分别讨论并进行比较分析。

假设9：值得注意的是，污染型企业 i 向外界排放的污染物 e_i^* 必定会对现有环境和社会公众造成一定的损害 η_i。损害 η_i 与 e_i^* 有关，是关于 e_i^* 的递增函数，且具有边际递增效益，即 $\eta_i=A(e_i^*)^2$。其中，A 是单位污染物对外界造成的折合为经济指标的损害。

5.4 政府部门针对污染型企业单独进行环保研发的补贴博弈

5.4.1 以减排量为标准的补贴政策

基于上述基本的前提假设，在该博弈模型中，污染型企业 i 的利润支付函数为：

---

① ARROW K. Economic welfare and allocation of resources for invention [M]. Princeton: Princeton University Press, 1962.

$$\begin{aligned}\max U_{Ei} &= p_i q_i - C_i - E_{i1} - E_{i2} + S_i \\ &= [a - b(q_i + q_{3-i})]q_i - (C_1 q_i + C_0) - \frac{1}{2}\theta t_i^2 - p_e(\mu_i q_i - t_i) + \frac{1}{2}S_1\theta t_i^2\end{aligned} \tag{5.1}$$

政府部门的社会福利支付函数为：

$$\begin{aligned}\max U_G &= \phi + \sum_{i=1}^{2} U_{Ei} - \sum_{i=1}^{2} S_i - \sum_{i=1}^{2} \eta_i \\ &= \frac{1}{2}b\,(q_i + q_{3-i})^2 + \sum_{i=1}^{2}\Big\{[a - b(q_i + q_{3-i})]q_i - (C_1 q_i + C_0) - \frac{1}{2}\theta t_i^2 - \\ &\quad p_e\,(\mu_i q_i - t_i)\Big\} - \sum_{i=1}^{2} A\,(\mu_i q_i - t_i)^2\end{aligned} \tag{5.2}$$

通过逆向归纳法求取补贴政策博弈的均衡解。①

在第三阶段，在政府部门制定了补贴政策和企业自身确定了研发策略后，污染型企业 i 经过污染物处理后生产出的具有较高环保质量的绿色生态环保型产品在市场中进行古诺竞争。

根据一阶最优化条件，对（5.1）式中的 q_i 求一阶偏导，令 $\frac{\partial U_{Ei}}{\partial q_i}=0$，得最优产量：

$$q_i^* = \frac{a - C_1 - p_e\mu_i}{3b} \tag{5.3}$$

（5.3）式表明，在以减少污染物排放量为标准的污染型企业单独开展环保研发的补贴博弈中，企业的最优产量与企业因自身进行环保治污设备技术研

① 鲁文龙，陈宏民．技术合作博弈中的政府补贴政策研究［J］．系统工程学报，2003，18（5）：426－430.

发使得排放污染物减少的量（企业独立研发水平）无关。

在第二阶段，污染型企业 i 进行环保治污设备技术的研发，并确定其自身研发的投入与水平。

将（5.3）式代入（5.1）式后，对 t_i 求一阶偏导，令 $\frac{\partial U_{Ei}}{\partial t_i}=0$，得最优研发水平：

$$t_i^* = \frac{p_e}{(1-S_1)\ \theta} \tag{5.4}$$

（5.4）式表明，在以减排量为标准的污染型企业单独进行环保研发的补贴博弈中，企业自身独立研发的最优投入与水平和政府部门给予的补贴率呈正相关。

在第三阶段，政府部门对进行环保治污设备技术研发的企业确定一定的补贴率，最大化其社会福利。

将（5.3）式、（5.4）式代入（5.2）式，对 S_1 求一阶偏导，令 $\frac{\partial U_G}{\partial S_1}=0$，得最优补贴率：

$$S_1^* = 1 - \frac{3bp_e(\theta + 2A)}{\theta[3bp_e + 2A\mu_i(a - C_1 - p_e\mu_i)]} \tag{5.5}$$

对 S_1^* 取关于 p_e 的一阶偏导，得 $\frac{\partial S_1^*}{\partial p_e} \leqslant 0$，即 S_1^* 与 p_e 呈负相关。当 $p_e=0$ 时，$S_1^*=1$；当 $p_e=\frac{\theta\mu_i(a-C_1)}{3b+\theta\mu_i^2}$ 时，$S_1^*=0$。

（5.5）式表明，在以减少排放量为标准的污染型企业单独开展环保研发的补贴博弈中，政府部门制定的最优补贴率与单位排污权交易价格呈负相关，当排污权交易价格较高时，政府部门可以减少对企业研发工作的补贴。当排污权交易价格达到市场最大值，补贴率为零，污染型企业会严重降低独自进行环保研发的动机。当市场取消排污权交易价格时，企业进行环保研发的成本全部由政府部门承担。

5.4.2 以产量为标准的补贴政策

在该博弈模型中，污染型企业 i 的利润支付函数为：

$$\begin{aligned}\max U_{Ei} &= p_i q_i - C_i - E_{i1} - E_{i2} + S_i \\ &= [a - b(q_i + q_{3-i})]q_i - (C_1 q_i + C_0) - \frac{1}{2}\theta t_i^2 - p_e(\mu_i q_i - t_i) + S_2 q_i\end{aligned} \tag{5.6}$$

政府部门的社会福利支付函数为：

$$\begin{aligned}\max U_G &= \phi + \sum_{i=1}^{2} U_{Ei} - \sum_{i=1}^{2} S_i - \sum_{i=1}^{2} \eta_i \\ &= \frac{1}{2}b\,(q_i + q_{3-i})^2 + \sum_{i=1}^{2}\Big\{[a - b(q_i + q_{3-i})]q_i - (C_1 q_i + C_0) - \\ &\quad \frac{1}{2}\theta\, t_i^2 - p_e(\mu_i q_i - t_i)\Big\} - \sum_{i=1}^{2} A\,(\mu_i q_i - t_i)^2\end{aligned} \tag{5.7}$$

类似于以减排量为标准的补贴政策博弈，通过逆向归纳法求解补贴政策博弈的均衡解。

在第三阶段，对（5.6）式中 q_i 求一阶偏导，令 $\frac{\partial U_{Ei}}{\partial q_i}=0$，得最优产量：

$$q_i^* = \frac{a - C_1 - p_e\mu_i + S_2}{3b} \tag{5.8}$$

（5.8）式表明，在以产量为标准的污染型企业单独进行环保研发的补贴博弈中，企业的最优产量与政府部门制定的单位产量补贴额呈正相关，政府部门提高对企业独立研发的补贴，也会促进企业产量的增加。

在第二阶段，将（5.8）式代入（5.6）式后，对 t_i 求一阶偏导，令 $\frac{\partial U_{Ei}}{\partial t_i}=0$，得最优研发水平：

$$t_i^* = \frac{p_e}{\theta} \tag{5.9}$$

（5.9）式表明，在以产量为标准的污染型企业单独进行环保研发的补贴博弈中，企业自身独立研发的最优投入与水平和政府部门给予的单位产量补贴额无关。

在第一阶段，将（5.8）式、（5.9）式代入（5.7）式，对 S_2 求一阶偏导，令 $\frac{\partial U_G}{\partial S_2}=0$，得最优单位产量补贴额：

$$S_2^* = \frac{3b[(a - C_1 - p_e\mu_i)\theta + 2A\mu_i p_e]}{2\theta(b + A\mu_i^2)} - a + C_1 + p_e\mu_i \tag{5.10}$$

对 S_2^* 取关于 p_e 的一阶偏导，得当 $6Ab \geqslant [3b-2(b+A\mu_i^2)]\theta$ 时，$\frac{\partial S_2^*}{\partial p_e}\geqslant 0$，即 S_2^* 与 p_e 呈正相关；当 $6Ab \leqslant [3b-2(b+A\mu_i^2)]\theta$ 时，$\frac{\partial S_2^*}{\partial p_e}\leqslant 0$，即 S_2^* 与 p_e 呈负相关。

（5.10）式表明，在以产量为标准的污染型企业单独进行环保研发的补贴博弈中，政府部门制定的最优单位产量补贴额与单位排污权交易价格具有一定的单调性，该相关性的正负与市场情况、企业排污水平和环保研发能力、污染废弃物对外界社会环境的损害水平有关。政府部门需要结合当地实际情况，对上述因素加以测定，以确定单位产量补贴额与排污权交易价格的关系。一般来说，二者呈负相关是较为理想的。如果二者呈正相关，还要结合单位产量补贴额取值范围的正负性加以判断。当补贴额取值为正，则在存在排污权交易价格的前提下，政府部门的补贴政策对企业自身进行环保研发无有效的激励效用。

5.5　政府部门针对污染型企业形成治污联盟进行环保研发的补贴博弈

5.5.1　以减排量为标准的补贴政策

在该博弈模型中，污染型企业 i 的利润支付函数为：

$$\begin{aligned}\max U_{Ei} &= p_i q_i - C_i - E_{i1} - E_{i2} + S_i \\ &= [a - b(q_i + q_{3-i})]q_i - (C_1 q_i + C_0) - \frac{1}{2}\theta t_i^2 - p_e[\mu_i q_i - (t_i + \beta t_{3-i})] + \\ &\quad \frac{1}{2}S_1\theta t_i^2 \end{aligned} \tag{5.11}$$

企业总利润支付函数为：

$$\begin{aligned}\max \sum_{i=1}^{2} U_{Ei} &= \sum_{i=1}^{2}(p_i q_i - C_i - E_{i1} - E_{i2} + S_i) \\ &= \sum_{i=1}^{2}\Big\{[a - b(q_i + q_{3-i})]q_i - (C_1 q_i + C_0) - \frac{1}{2}\theta t_i^2 - p_e[\mu_i q_i - \\ &\quad (t_i + \beta t_{3-i})] + \frac{1}{2}S_1\theta t_i^2\Big\}\end{aligned} \tag{5.12}$$

政府部门的社会福利支付函数为：

$$\max U_G = \phi + \sum_{i=1}^{2} U_{Ei} - \sum_{i=1}^{2} S_i - \sum_{i=1}^{2} \eta_i$$
$$= \frac{1}{2}b(q_i + q_{3-i})^2 + \sum_{i=1}^{2}\Big\{[a - b(q_i + q_{3-i})]q_i - (C_1 q_i + C_0) - \frac{1}{2}\theta t_i^2 -$$
$$p_e[\mu_i q_i - (t_i + \beta t_{3-i})]\Big\} - \sum_{i=1}^{2} A[\mu_i q_i - (t_i + \beta t_{3-i})]^2 \tag{5.13}$$

应用逆向归纳法求取补贴政策博弈的均衡解。

在第三阶段，在政府部门制定了补贴政策和企业确定了研发策略后，污染型企业 i 经过污染物处理后生产出的具有较高环保质量的绿色生态环保型产品在市场上进行古诺竞争。

根据一阶最优化条件，对（5.11）式中的 q_i 求一阶偏导，令 $\frac{\partial U_{Ei}}{\partial q_i}=0$，得最优产量：

$$q_i^* = \frac{a - C_1 - p_e\mu_i}{3b} \tag{5.14}$$

（5.14）式表明，在以减排量为标准的污染型企业形成治污联盟进行环保研发的补贴博弈中，企业的最优产量与企业合作进行环保治污设备技术研发使得排放污染物减少的量（企业独立研发水平）无关，即与相同标准中污染型企业单独进行环保研发的补贴博弈的结论相同。

在第二阶段，污染型企业 i 进行环保治污设备技术的研发，并确定其自身研发的投入与水平，使两个企业的总利润最大化。

将（5.14）式代入（5.12）式后，对 t_i 求一阶偏导，令 $\frac{\partial \sum_{i=1}^{2} U_{Ei}}{\partial t_i} = 0$，得最优研发水平：

$$t_i^* = \frac{(1+\beta)\ p_e}{(1-S_1)\ \theta} \tag{5.15}$$

（5.15）式表明，在以减排量为标准的污染型企业形成治污联盟进行环保研发的补贴博弈中，企业合作研发的最优投入与水平和政府部门给予的补贴率呈正相关，即与相同标准中污染型企业单独进行环保研发的补贴博弈的结论相同。

同时，污染型企业合作研发最优投入与水平和溢出率亦呈正相关，宽松的知识产权保护有利于污染型企业增强研发投入水平。

在第三阶段，政府部门对进行环保治污设备技术投入的企业确定一定的补贴率，最大化其社会福利。

将（5.14）式、（5.15）式代入（5.13）式，对 S_1 求一阶偏导，令$\frac{\partial U_G}{\partial S_1}=0$，得最优补贴率：

$$S_1^* = 1 - \frac{6bp_e\ [\theta + 2A\ (1+\beta)^2]}{\theta\ (1+\beta)\ [3bp_e + 2A\mu_i\ (a - C_1 - p_e\mu_i)]} \tag{5.16}$$

对 S_1^* 取关于 p_e 的一阶偏导，得$\frac{\partial S_1^*}{\partial p_e} \leqslant 0$，即 S_1^* 与 p_e 呈负相关。当 $p_e=0$ 时，$S_1^*=1$；当 $p_e = \frac{2A\theta\mu_i\ (a-C_1)\ (1+\beta)}{3b\theta\ (1-\beta) + 2A\ (1+\beta)\ [6b\ (1+\beta) + \theta\mu_i^2]}$时，$S_1^*=0$。

对 S_1^* 取关于 β 的一阶偏导，得$\frac{\partial S_1^*}{\partial \beta} \geqslant 0$，即 S_1^* 与 β 呈正相关。

（5.16）式表明，在以减排量为标准的污染型企业形成治污联盟进行环保研发的补贴博弈中，政府部门制定的最优补贴率与单位排污权交易价格呈负相关。当排污权交易价格较高时，政府部门可以减少对企业研发工作的补贴。当排污权交易价格达到市场最大值，补贴率为零，污染型企业会严重降低独自进行环保研发的动机。当市场取消排污权交易价格时，企业进行环保研发的成本全部由政府部门承担。即与相同标准中污染型企业单独进行环保研发的补贴博弈的结论相同。

同时，政府部门制定的最优补贴率与企业形成治污联盟的溢出率呈正相关。当形成治污联盟的企业彼此存在的溢出效用较大时，政府部门会给予较多的补贴额，进而促进企业提高研发投入水平，以克服薄弱的知识保护产权机制对污染型企业研发工作的不良影响。

5.5.2 以产量为标准的补贴政策

在该博弈模型中，污染型企业 i 的利润支付函数为：

$$\begin{aligned}\max U_{Ei} &= p_i q_i - C_i - E_{i1} - E_{i2} + S_i \\ &= [a - b(q_i + q_{3-i})]q_i - (C_1 q_i + C_0) - \frac{1}{2}\theta t_i^2 - p_e[\mu_i q_i - \\ &\quad (t_i + \beta t_{3-i})] + S_2 q_i \end{aligned} \tag{5.17}$$

企业总利润支付函数为：

$$\begin{aligned}\max \sum_{i=1}^{2} U_{Ei} &= \sum_{i=1}^{2}(p_i q_i - C_i - E_{i1} - E_{i2} + S_i) \\ &= \sum_{i=1}^{2}\Big\{[a - b(q_i + q_{3-i})]q_i - (C_1 q_i + C_0) - \frac{1}{2}\theta t_i^2 - \\ &\quad p_e[\mu_i q_i - (t_i + \beta t_{3-i})] + S_2 q_i\Big\}\end{aligned} \tag{5.18}$$

政府部门的社会福利支付函数为：

$$\begin{aligned}\max U_G &= \phi + \sum_{i=1}^{2} U_{Ei} - \sum_{i=1}^{2} S_i - \sum_{i=1}^{2} \eta_i \\ &= \frac{1}{2}b(q_i + q_{3-i})^2 + \sum_{i=1}^{2}\Big\{[a - b(q_i + q_{3-i})]q_i - (C_1 q_i + C_0) - \frac{1}{2}\theta t_i^2 -\end{aligned}$$

$$p_e[\mu_i q_i - (t_i + \beta t_{3-i})]\} - \sum_{i=1}^{2} A[\mu_i q_i - (t_i + \beta t_{3-i})]^2 \quad (5.19)$$

类似于以减排量为标准的补贴政策博弈，通过逆向归纳法求解补贴政策博弈的均衡解。

在第三阶段，对（5.17）式中的 q_i 求一阶偏导，令$\frac{\partial U_{Ei}}{\partial q_i}=0$，得最优产量：

$$q_i^* = \frac{a - C_1 - p_e \mu_i + S_2}{3b} \quad (5.20)$$

（5.20）式表明，在以产量为标准的污染型企业形成治污联盟进行环保研发的补贴博弈中，企业的最优产量与政府部门制定的单位产量补贴额呈正相关，政府部门提高对企业合作研发的补贴，也会促进企业产量的增加，即与相同标准中污染型企业单独进行环保研发的补贴博弈的结论相同。

在第二阶段，将（5.20）式代入（5.18）式后，对 t_i 求一阶偏导，令$\frac{\partial U_{Ei}}{\partial t_i}=0$，得最优研发水平：

$$t_i^* = \frac{(1+\beta)\ p_e}{\theta} \quad (5.21)$$

（5.21）式表明，在以产量为标准的污染型企业形成治污联盟进行环保研发的补贴博弈中，企业合作研发的最优投入与水平和政府部门给予的单位产量补贴额无关，即与相同标准中污染型企业单独进行环保研发的补贴博弈的结论相同。

同时，污染型企业合作研发最优投入与水平和溢出率亦呈正相关，宽松的知识产权保护有利于污染型企业增强研发投入水平，即与以减排量为标准的污染型企业形成治污联盟进行环保研发的补贴博弈的结论相同。

在第三阶段，将（5.20）式、（5.21）式代入（5.19）式，对 S_2 求一阶偏导，令$\frac{\partial U_G}{\partial S_2}=0$，得最优单位产量补贴额：

$$S_2^* = \frac{3b[(a-C_1-p_e\mu_i)\theta + 2A\mu_i p_e(1+\beta)^2]}{2\theta(b+A\mu_i^2)} - a + C_1 + p_e\mu_i \quad (5.22)$$

对 S_2^* 取关于 p_e 的一阶偏导，得当 $6Ab(1+\beta)^2 \geqslant [3b-2(b+A\mu_i^2)]\theta$ 时，$\frac{\partial S_2^*}{\partial p_e}\geqslant 0$，即 S_2^* 与 p_e 呈正相关；当 $6Ab(1+\beta)^2 \leqslant [3b-2(b+A\mu_i^2)]\theta$ 时，$\frac{\partial S_2^*}{\partial p_e}<0$，即 S_2^* 与 p_e 呈负相关。

对 S_2^* 取关于 β 的一阶偏导，得$\frac{\partial S_2^*}{\partial \beta}\geqslant 0$，即 S_2^* 与 β 呈正相关。

（5.22）式表明，在以产量为标准的污染型企业形成治污联盟进行环保研发的补贴博弈中，政府部门制定的最优单位产量补贴额和单位排污权交易价格具有一定的单调性，该相关性的正负与市场情况、企业排污水平和环保研发能力、污染物对社会环境的损害水平有关。政府部门需要结合当地实际情况，对上述因素加以测定，以确定单位产量补贴额与排污权交易价格的关系。一般来说，二者呈负相关是较为理想的。如果二者呈正相关，还要结合单位产量补贴额取值范围的正负性加以判断。当补贴额取值为正，则在存在排污权交易价格的前提下，政府部门的补贴政策对企业自身进行环保研发无有效的激励效用，即与相同标准中污染型企业单独进行环保研发的补贴博弈的结论相同。

同时，政府部门制定的最优单位产量补贴额与企业形成治污联盟的溢出率呈正相关。当形成治污联盟的企业之间存在的溢出效用较大时，政府部门会给予较高的补贴额，进而促进企业提高研发投资水平，以克服薄弱的知识产权保护机制对污染型企业研发工作的不良影响，即与以减排量为标准的污染型企业形成治污联盟进行环保研发的补贴博弈的结论相同。

5.6 研发方式与补贴标准的比较与讨论

5.6.1 研发方式的比较讨论

在以减排量为标准的政府部门补贴政策下，污染型企业无论选择独立研发或合作研发，最优产量都不会受到企业研发水平的影响。对于企业最优研发水平来说，补贴会对企业研发工作产生一定的激励效用，但在共同研发的情况下，比较（5.4）式、（5.15）式可得企业最优研发水平会高于非合作的情形。且企业共同研发的程度越高，二者的最优研发水平也会相应地提高。当形成治污联盟的企业之间存在的溢出效用较大时，政府部门会给予较高的最优补贴额，进而促进企业提高研发水平，以克服薄弱的知识产权保护机制对污染型企业研发的不良影响。因此，在以减排量为标准的政府部门补贴政策下，污染型企业更倾向于以治污联盟的形式进行研发。

在以产量为标准的政府部门补贴政策下，污染型企业无论选择独立研发或合作研发，最优产量都会因政府补贴的作用而提高，而最优研发水平不会受到补贴的影响。但在合作研发的条件下，比较（5.9）式、（5.21）式可得企业最优研发水平会高于非合作情形。且企业合作研发的程度越高，二者的最优研发水平也会相应地提高。对于最优单位产量补贴额来说，比较（5.10）式、（5.22）式可得企业在合作研发的条件下可以获得更高的最优补贴额。当形成治污联盟的企业之间存在的溢出效用较大时，政府部门会给予较高的最优补贴额，进而促进企业提高研发投资水平，以克服薄弱的知识产权保护机制对污染型企业研发工作的不良影响。因此，在以产量为标准的政府部门补贴政策下，污染型企业同样更倾向于以治污联盟的形式进行研发。

通过对两种不同标准下的政府部门补贴政策进行比较分析，相较于独立研发，污染型企业更倾向于以治污联盟的形式进行环保研发。

5.6.2 补贴标准的比较讨论

通过对减排量和产量两种不同标准下的政府部门补贴政策进行比较分析，

污染型企业在研发方式上会选择形成治污联盟进行环保研发。因此，在补贴标准的比较讨论中，主要研究政府部门针对污染型企业形成治污联盟进行环保研发的补贴博弈。

比较（5.14）式、（5.20）式，以减排量为标准的政府部门补贴政策对企业的产量无影响，以产量为标准的政府部门补贴政策可以使企业获得更高的产量。比较（5.15）式、（5.21）式，两种补贴标准都受到企业合作研发程度的影响，而以减排量为标准的政府部门补贴政策能够提高企业的研发水平，以产量为标准的政府部门补贴政策对企业研发水平无影响。在补贴率和单位产量补贴额中，两种补贴标准都与企业合作研发程度相关，而补贴率与单位排污权交易价格的关系更易确定，且其关系受到多种因素的共同作用。

因此，以减排量为标准的政府部门补贴政策与以产量为标准的政府补贴政策各有优点，但在补贴政策与排污权交易政策的关系中，以减排量为标准的政府部门补贴政策与排污权交易政策的关系更明确，在具体生产活动中更具有实践效益。

本章小结

部分污染型企业因治污成本过高或自身治污能力有限，无法达到污染物达标排放标准。污染型企业根据自身情况及溢出的影响，选择独自研发或与其他企业共同研发。政府部门对污染型企业补贴的方式主要是对企业研发投入实行按比例的补贴，以及根据企业研发成果的价值实行补贴。

本章主要建立包含一个政府部门与两个生产同质产品的污染型企业的三阶段博弈模型，研究在独立研发和合作研发方式下两种不同标准的政府补贴政策，用逆向归纳法分析每个博弈情况下的最优产量、最优研发水平、最优补贴。最后对比讨论不同研发方式和补贴标准政策。污染型企业在研发方式上更倾向于合作研发，以减排量为标准的政府部门补贴政策与排污权交易政策关系更明确，在实际中更具实践意义。因此，政府部门通过补贴的方式鼓励和加强污染型企业的技术研发合作，可以有效达到提高产业的溢出率、传播新技术、提高社会福利的目的。

本章针对污染型企业不同的研发方式和政府部门不同的补贴标准的对比研究，对环保减排研发政策的应用具有一定的指导意义，对环保研发补贴决策的实行具有一定的现实意义。

然而本章研究的三阶段博弈模型，主要基于将复杂的博弈过程作符合经济管理规律的简单化处理，得出较为基础的结论。进一步的研究可以在此基础上进行动态博弈①，研究博弈模型中的三方在中长期的多重博弈中因不断调整自己的策略导致的各自收益支付的变化情况。② 具体来说，如污染型企业构成及政府部门补贴的非对称性③、补贴次序的调整与变化等④。

---

① FUNG I W H, TAM V W Y, LO T Y, et al. Developing a risk assessment model for construction safety [J]. International journal of project management, 2010, 28 (6): 593 -600.

② 李斌，彭星. 环境机制设计、技术创新与低碳绿色经济发展 [J]. 社会科学，2013, (6): 50 -57.

③ DUBOIS P, VUKINA T. Optimal incentives under moral hazard and heterogeneous agents: evidence from production contracts data [J]. International journal of industrial organization, 2009, 27 (4): 489 -500.

④ YU J, LIU Y. Prioritizing highway safety improvement projects: a multi-criteria model and case study with safety analyst [J]. Safety science, 2012, 50 (4): 1085 -1092.

6 基于 Stackelberg 博弈模型企业排污问题的机制设计研究

6.1 引言

一方面，随着我国经济的快速发展，环境污染问题逐步凸显出来，特别是近年来企业非法排污事件层出不穷，不仅对环境造成巨大的破坏，而且也是当前影响社会稳定的一个重要因素。另一方面，相当长时间以来，环境污染问题一直是许多地方的老大难问题。造成这种情况的原因很多，治理制度本身不完善是其中的一个重要原因。

为了遏制环境恶化的趋势，我国出台了一系列政策方案与法律法规，实行了污染物排放总量控制制度。[①] 目前，应对企业非法排污问题的主要治理制度有排污权交易制度、排污申报制度、排污费制度等。[②] 其中，排污权交易制度成为近年来治理企业非法排污问题的主要手段之一。排污权交易制度是指在一定区域内，在污染物排放总量不超过允许排放量的前提下，政府部门规定排污总量上限，按此上限发放排污许可证，内部各污染源之间通过货币交换的方式相互调剂排污量的制度。[③] 排污权交易制度的实质就是采用市场机制来实现环境标准质量，其最大价值在于它可使企业在利益驱使下积极治污，达到治理污

---

① HARRINGTON D R. Effectiveness of state pollution prevention programs and policies [J]. Contemporary economic policy, 2013, 31 (2): 255 - 278.

② JAFFE J, RANSON M, STAVINS R N. Linking tradable permit systems: a key element of emerging international climate policy architecture [J]. Ecology law quarterly, 2010, 36 (4): 789 - 808.

③ GRAY W B , SHIMSHACK J P. The effectiveness of environmental monitoring and enforcement: a review of the empirical evidence [J]. Review environmental economics and policy, 2011, 5 (1): 3 - 24.

染、保护环境的社会目标。[①] 因此，排污权交易制度的优点是成本较低、优化配置环境资源、使环境资源产权化、节约社会污染控制费用、提高污染控制效率。[②] 通过排污权交易市场，环保资金优先流向污染边际处理费用低的企业，排污权优先流向经济效益高的企业，使区域总的环保资金和环境容量实现优化配置。

马学良等人（2017）构建完全信息演化博弈模型，分析用水农户和政府双方在生态水资源管理中的策略问题。[③] 陈真玲等人（2017）分析环境税征收机制中地方政府与中央政府的委托代理模型、企业与政府的演化博弈模型，并分析其收益函数，同时进行仿真模拟。[④] 李德荃等人（2016）建立节能减排申报机制的信号博弈模型，分析四种可能存在的后继博弈精炼贝叶斯纳什均衡，并制定策略。[⑤] 杜建国等人（2015）通过演化博弈理论，分析政府与第三方治污的演化支付矩阵，讨论不同参数对博弈的影响，有效解决了实际问题。[⑥] 朱皓云等人（2012）全面分析我国排污权交易市场的企业参与现状，通过对政府政策、市场机制、企业决策三个环节进行研究，以提高企业参与度为目的，从完善政府职能、健全市场机制、提升企业能力这三个方面提出对策建议。[⑦] 张宏翔等人（2012）研究国外排污费制度对我国的借鉴作用，通过应用鲍莫尔—奥茨税理论模型，实证分析了市场价格与税收对该

---

① MAHAPATRA S, SWIFT T K. Constructing global production activity indices: the chemical industry [J]. Business economics, 2012, 47 (1): 68－81.

② 吴安平，晁莉．大气污染型企业环境绩效审计的探讨［J］．长春大学学报，2016，26（9）：38－41.

③ 马学良，李超，赵青梅，等．基于博弈论的新疆内陆河区生态用水保障与管理研究［J］．管理评论，2017，29（7）：235－243.

④ 陈真玲，王文举．环境税制下政府与污染企业演化博弈分析［J］．管理评论，2017，29（5）：226－236.

⑤ 李德荃，曹文，曹原，等．关于节能减排达标申报制度的信号博弈分析［J］．中国人口（资源与环境），2016，26（12）：108－116.

⑥ 杜建国，陈莉，赵龙．政府规制视角下的企业环境行为仿真研究［J］．软科学，2015，29（10）：59－64.

⑦ 朱皓云，陈旭．我国排污权交易企业参与现状与对策研究［J］．中国软科学，2012（6）：15－23.

模型的影响作用，使得环境政策的理论机制和实践制度得到很大程度的提高。[①] 周朝民等人（2011）通过对比排污权交易制度和政策指令制度，分析古诺博弈模型的均衡结果以及对整体社会收益的良好促进作用。[②] 刘昌臣等人（2010）研究信息不对称条件下的排污权优化问题，并讨论了该种问题下的推行制度。[③]

Poorsepahy-Samian 等人（2012）运用博弈论的方法，构建分配问题目标函数的优化模型，通过初始权益分配、形成共同联盟、公平的利益分配、损失最小化四个步骤解决了排污许可证分配的问题。[④] Gray 等人（2011）认为环境监测和执法活动可以有效地减少违规排放污染物的行为，可在实际中有效应用。[⑤] Yi 等人（2010）探讨了全球非法排污问题的严重性，同时从成本效益、博弈论、动态马尔科夫链的角度，指出建立全球合作机制以达到应对该问题的目的。[⑥] Jaffe 等人（2010）针对排污权交易制度中各环节运作的衔接问题进行分析研究，发现通过进行总量管制与建立减排信用系统可以有效减少合规资本、提高市场的经济性。[⑦] McEvoy 等人（2009）首先对环保协定中“自我强化”概念进行重新界定，认为其指代稳定的合作协议，进而抽象出博弈问题并深入

---

① 张宏翔，熊波．基于鲍莫尔—奥茨税的德国排污费制度的经济分析［J］．中国人口（资源与环境），2012，22（10）：69－77.

② 周朝民，李寿德．排污权交易与指令控制条件下寡头厂商的均衡分析［J］．系统管理学报，2011，20（6）：677－681.

③ 刘昌臣，肖江文，罗云峰．实施最优排污权配置［J］．系统工程理论与实践，2010，30（12）：2151－2156.

④ POORSEPAHY-SAMIAN H，KERACHIAN R，NIKOO M R. Water and pollution discharge permit allocation to agricultural zones：application of game theory and min-max regret analysis［J］．Water resources management，2012，26（14）：4241－4257.

⑤ GRAY W B，SHIMSHACK J P. The effectiveness of environmental monitoring and enforcement：a review of the empirical evidence［J］．Review environmental economics and policy，2011，5（1）：3－24.

⑥ YI R T，LI M. Constructing sustainable vertical cities：strategies to enhance closer cooperation between ASEAN contractors on pollution problem under the lens of economic game theories-cost benefit analysis and dynamic Markov chain theories［J］．Athletes now，2010，6（5）：1911－2017.

⑦ JAFFE J，RANSON M，STAVINS R N. Linking tradable permit systems：a key element of emerging international climate policy architecture［J］．Ecology law quarterly，2010，36（4）：789－808.

研究了监管费用。[①] Chávez 等人（2009）在考虑减排成本与执行成本的前提条件下，分别研究完全信息和不完全信息条件下可转让的排污许可证制度中的排污标准问题。[②] Montero（2009）考察静态模型的排污权交易市场，认为排污许可证在免费发放与拍卖机制下对企业共谋行为具有一定的影响作用。[③] Goulder 等人（2008）通过构建排污权交易市场中基于成本效益、分配公正、不确定性与可行性的评价标准博弈模型，对排污税、污染物排放津贴、减排效应津贴进行综合分析。[④]

上述已有的研究成果对企业非法排污问题制度治理研究具有很大的帮助，但是排污权交易市场也存在一些问题[⑤]，如排污权初始分配障碍，排污权买卖与分配不公，重交易、轻整体的制度设计缺陷等。鉴于此，本章将在排污权交易市场的情境下建立动态 Stackelberg 博弈模型，主要探讨以下几个问题：

（1）企业自行治理污染物、在排污权交易市场购买排污权，这两种策略的比较与方案选择；污染型企业投入的环保治污设备技术费用与自身治污水平的确定。

（2）政府部门对排污权交易价格的合理评估；污染型企业的经营效益以及政府部门关注的社会效益与环境效益的权衡。

本章针对我国传统的企业非法排污问题制度治理所存在的漏洞，以环境保护中排污权交易市场为设计背景，基于 Stackelberg 博弈模型对政府部门与污染型企业之间进行了动态博弈分析。通过对政府部门制定的排污权交易价格、污

---

① MCEVOY D M，STRANLUND J K. Self-enforcing international environmental agreements with costly monitoring for compliance [J]. Environmental and resource economics，2009，42（4）：491－508.

② CHÁVEZ C A，VILLENA M G，STRANLUND J K. The choice of policy instruments to control pollution under costly enforcement and incomplete information [J]. Journal of applied economics，2009，12（2）：207－227.

③ MONTERO J P. Market power in pollution permit markets [J]. The energy journal，2009，30（2）：115－142.

④ GOULDER L H，PARRY I W H. Instrument choice in environmental policy [J]. Review of environmental economics and policy，2008，2（2）：152－174.

⑤ 吕途，杨贺男. 马克思、恩格斯生态经济思想及其对生态环境法治观的启示 [J]. 企业经济，2011（9）：190－192.

染型企业确定的生产产量与投入的环保治污设备技术费用进行策略研究，同时引入政府部门监管检查概率、社会公众监督举报企业非法排污现象概率，对污染型企业的经济效益、政府部门的社会效益及环境效益进行重新定位与深入讨论。进而在分析最优化反应函数的框架下，构建了一种以总量控制为基础的排污权交易机制制度治理模型，考察了排污权交易机制制度对污染型企业、政府、社会公众与环境的综合影响作用。

6.2 博弈模型的描述

Stackelberg 博弈模型是一种经典的完全信息动态博弈模型。该模型可以简单地做如下描述：两个企业选择产量，企业 1 首先选择产量 $q_1 \geqslant 0$，企业 2 观测到 q_1 后选择产量 $q_2 \geqslant 0$，双方获得利润 $\psi_i(q_1, q_2)$，$i=1, 2$。针对企业非法排污问题，将基于 Stackelberg 博弈模型，对博弈的双方，即 n 个污染型企业和一个政府部门，进行博弈分析。

构建的以总量控制为基础的治理模型如图 6－1 所示。在该模型中，有 $n+1$个局中人，分别是污染型企业 1，污染型企业 2，…，污染型企业 i，…，污染型企业 $n-1$，污染型企业 n，以及一个政府部门。污染型企业 i 的策略是选择产量和确定在生产单位产品的治污水平中投入的环保治污设备技术费用；支付是经济效益。政府部门的策略是规定污染型企业在排污权交易市场中的排污权交易价格；支付是社会效益，包括经济效益和环境效益。

现实生活中，污染型企业与政府部门的博弈属于动态博弈。在博弈过程中，存在博弈双方的行动顺序问题。假定在第一阶段，政府部门经过严谨的科学调查后，出台排污权交易市场中的排污权交易价格政策，短时间内不会对该政策进行修正。在第二阶段，n 个污染型企业根据政府部门制定的排污权交易政策，确定产量与在生产单位产品的治污水平中投入的环保治污设备技术费用。即政府部门先行动，n 个企业后行动，如图 6－1 所示。

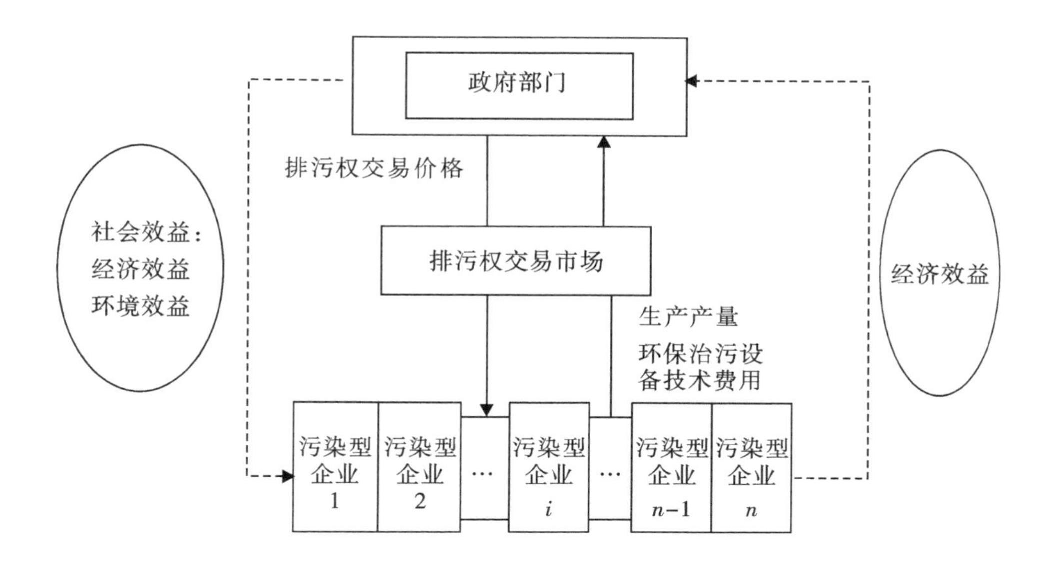

图 6-1 以总量控制为基础的治理模型

6.3 博弈模型的前提假设

在现实生活中，由于行业的不同、产品种类的多样化、利益分配的复杂性，以及排污权交易市场的竞争和冲突，博弈模型将会变得非常复杂。因此，为了得出较为科学的结论，将繁杂的博弈问题简单化处理，下面提出一些与管理理论、经济规律相切合的基础假设。

假设 1：某一地区存在一个政府部门和 n（$n>1$）家生产同类无差别产品、排放相同污染源的污染型企业。

假设 2：企业 i（$i=1, 2, \cdots, n$）的产量为 q_i，在产品市场上的反需求函数为 $p=a-bQ$。其中，p 表示市场价格，Q 表示该地区的生产总量（$Q=\sum_{i=1}^{n} q_i = \sum_{k\neq i} q_k + q_i$，其中 $\sum_{k\neq i} q_k$ 为常数），a 表示市场规模，b 表示价格需求弹性，且 a，b 为常数，满足 $a>0$，$b>0$，$a-bQ>0$。

假设 3：企业 i 的生产成本函数用线性形式表示，即 $C_i=C_1q_i+C_0$。其中，C_1 表示单位产量的可变成本，C_0 表示固定生产成本。

假设4：在现实生活中，政府部门制定环境政策，要求企业 i 将生产过程中产生的污染物进行无公害化处理后达标排放，且达标排放的污染物总量不能超过某一限额。因企业 i 自行治理污染物的水平有限，未能达到排放标准的污染物或者超过上述规定限额的污染物，需要通过排污权交易市场实现向外界排放。考虑到环境对污染物的承载能力有限，企业 i 通过排污权交易排放的污染物不能超过最大限额，否则属于非法排污行为，要受到相应的罚款处罚。

假设5：在生产过程中，企业 i 生产单位产品的排污水平为 k_i，生产单位产品的治污水平为 γ_i，则企业 i 向外部环境排放污染物的总量为 $e_i=(k_i-\gamma_i)q_i$。治污水平 γ_i 是企业投入的环保治污设备技术费用 t 的函数，即 $\gamma_i=m-\frac{s}{t}$。其中，m、s 为常数，$t\geqslant\frac{s}{m}$（$\frac{s}{m}$为企业投入环保治污设备技术费用的最小值），且当 $t\rightarrow+\infty$时，$\lim\limits_{t\rightarrow+\infty}\gamma_i=m$。企业 i 的治污成本 E_{i1}是治污水平 γ_i 与产量 q_i 的函数，即 $E_{i1}=X\gamma_iq_i=X(m-\frac{s}{t})q_i$，$X$ 是治理单位污染物的成本，且满足 $\frac{\partial E_{i1}}{\partial\gamma_i}>0$，$\frac{\partial E_{i1}}{\partial q_i}>0$。

假设6：在完全竞争的排污权交易市场中，政府部门制定的单位排污权交易价格为 p_e，且政府部门允许企业 i 通过排污权交易向外界排放污染物的最大限额为 ε_i。其中，最大限额 ε_i 由外部环境容量以及自身的净化能力决定。

假设7：当 $e_i\leqslant\varepsilon_i$ 时，企业 i 的排污权交易成本函数为 $E_{i2}=Yp_ee_i=Yp_e(k_i-\gamma_i)q_i=Yp_e\left[k_i-\left(m-\frac{s}{t}\right)\right]q_i$。其中，$Y$ 是常数。当 $e_i>\varepsilon_i$ 时，企业 i 存在非法排污问题。若企业 i 被政府部门查处或被社会公众监督举报，则企业 i 受到的罚款数额为 $F_i=Z(\lambda+\mu-\lambda\mu)\beta(e_i-\varepsilon_i)=Z(\lambda+\mu-\lambda\mu)\beta[(k_i-\gamma_i)q_i-\varepsilon_i]=Z(\lambda+\mu-\lambda\mu)\beta\left[\left(k_i-\left(m-\frac{s}{t}\right)\right)q_i-\varepsilon_i\right]$。其中，$\lambda$、$\mu$ 分别表示企业非法排污被政府部门查处或被社会公众监督举报的概率，β 表示单位超标罚金，Z 是常数。

假设8：值得注意的是，无论企业 i 是否存在非法排污问题，企业 i 向外

界排放的污染物 e_i 必定会对现有环境和社会公众造成一定的损害 θ_i。损害 θ_i 与企业向外界排放的污染物 e_i 有关，是污染物 e_i 的递增函数，且具有边际递增效益。因此，损害 θ_i 是企业向外界排放的污染物 e_i 的函数，即 $\theta_i = Ae^{e_i} = Ae^{(k_i-\gamma_i)q_i} = Ae^{[k_i-(m-\frac{s}{t})]q_i}$，其中，$A$ 是单位污染物对外界造成的折合为经济指标的损害，且满足$\frac{\partial\theta_i}{\partial e_i}>0$，$\frac{\partial^2\theta_i}{\partial e_i^2}>0$，即边际损害随污染物排放量的加大而增加。

6.4　博弈模型的分析

6.4.1　支付函数的建立

基于上述基本的前提假设，在该博弈模型中，企业 i 的支付函数为：

$$\max U_E = \log\left[pq_i - C_i - E_{i1} - E_{i2} - F_i - \theta_i\right] \tag{6.1}$$

政府部门的支付函数为：

$$\max U_G = \sum_{i=1}^{n}\log(pq_i - C_i) - \sum_{i=1}^{n}\log\theta_i$$
$$\text{s. t}\quad \sum_{i=1}^{n}\log\theta_i \leqslant \bar{\theta} \tag{6.2}$$

其中，$\bar{\theta}$表示某一地区现有环境和社会公众能够承受的企业排污造成的损害，又称损害承受限额。而企业 i 的经营效益和政府部门的社会效益具有边际效益递减规律，因此将企业 i 和政府部门的支付函数取对数表示。此外，政府部门的目标是获得社会效益的最大值，即需要增加经济效益和环境效益。但经济效益的取得不能简单地以收取非法排污企业的罚款为手段，因此政府部门的支付函数中没有包含罚款数额一项。

将基本假设中的函数表达式代入（6.1）式、（6.2）式，得到企业 i 的支付函数为：

$$\begin{aligned}\max U_E &= \log\left[(a-bQ)q_i-(C_1q_i+C_0)-X\gamma_iq_i-Yp_ee_i-Z(\lambda+\mu-\lambda\mu)\beta(e_i-\varepsilon_i)-Ae^{e_i}\right]\\&=\log\left[\left[a-b\left(\sum_{k\neq i}q_k+q_i\right)\right]q_i-(C_1q_i+C_0)-X\gamma_iq_i-Yp_e(k_i-\gamma_i)q_i-Z(\lambda+\mu-\lambda\mu)\beta[(k_i-\gamma_i)q_i-\varepsilon_i]-Ae^{(k_i-\gamma_i)q_i}\right]\\&=\log\left[\left[a-b\left(\sum_{k\neq i}q_k+q_i\right)\right]q_i-(C_1q_i+C_0)-X\left(m-\frac{s}{t}\right)q_i-Yp_e\left[k_i-\left(m-\frac{s}{t}\right)\right]q_i-Z(\lambda+\mu-\lambda\mu)\beta\left[\left(k_i-\left(m-\frac{s}{t}\right)\right)q_i-\varepsilon_i\right]-Ae^{\left[k_i-\left(m-\frac{s}{t}\right)\right]q_i}\right]\end{aligned}\tag{6.3}$$

政府部门的支付函数为：

$$\begin{aligned}\max U_G &= \sum_{i=1}^{n}\log\left[(a-bQ)q_i-(C_1q_i+C_0)\right]-\sum_{i=1}^{n}\log Ae^{e_i}\\&=\sum_{i=1}^{n}\log\left[(a-bQ)q_i-(C_1q_i+C_0)\right]-\sum_{i=1}^{n}\log Ae^{(k_i-\gamma_i)q_i}\\&=\sum_{i=1}^{n}\log\left[\left(a-b\left(\sum_{k\neq i}q_k+q_i\right)\right)q_i-(C_1q_i+C_0)\right]-\sum_{i=1}^{n}\log Ae^{\left[k_i-\left(m-\frac{s}{t}\right)\right]q_i}\end{aligned}$$

$$\text{s. t}\quad\sum_{i=1}^{n}\log Ae^{e_i}=\sum_{i=1}^{n}\log Ae^{(k_i-\gamma_i)q_i}=\sum_{i=1}^{n}\log Ae^{\left[k_i-\left(m-\frac{s}{t}\right)\right]q_i}\leqslant\bar{\theta}\tag{6.4}$$

由上述企业 i 和政府部门的支付函数可知，企业 i 的策略是选择产量 q_i 和确定在生产单位产品的治污水平中投入的环保治污设备技术费用 t，支付为经营效益 U_E；政府部门的策略是规定企业 i 在排污权交易市场中的单位排污权交易价格 p_e，支付为社会效益 U_G，包括经济效益与环境效益。

6.4.2　均衡结果的求取

动态博弈的分析目标是获得博弈双方的子博弈精炼纳什均衡，即政府部门制定的单位排污权交易价格 p_e，污染型企业选择的产量 q_i 与环保治污设备技术费用 t。因此，在“政府部门先行动，n 个排污企业后行动”的动态博弈中，博弈均衡定义为：给定各个污染型企业的支付函数，政府部门的选择是最优的；给定政府部门和除第 i 个污染型企业外其他污染型企业的选择，第 i 个污染型企业的选择是最优的。

首先，求解第二阶段博弈中污染型企业的纳什均衡。对污染型企业 i 而言，应选择 q_i、t 使下述问题最优：

$$\max U_E = \log\Big[\Big[a - b\Big(\sum_{k\neq i} q_k + q_i\Big)\Big]q_i - (C_1 q_i + C_0) - x\left(m - \frac{s}{t}\right)q_i - Yp_e\left[k_i - \left(m - \frac{s}{t}\right)\right]q_i - Z(\lambda + \mu - \lambda\mu)\beta\left[\left(k_i - \left(m - \frac{s}{t}\right)q_i - \varepsilon_i\right] - Ae^{\left[k_i - \left(m - \frac{s}{t}\right)\right]q_i}\Big]$$

在纳什均衡中，各个污染型企业的支付函数可以实现一阶最优性条件。即上述问题为对（6.3）式求解关于 q_i、t 的极值点。因污染型企业投入的环保治污设备技术费用 t 与企业生产单位产品的治污水平 γ_i 的关系满足 $\gamma_i = m - \frac{s}{t}$，二者的变化趋势相同，且$\frac{\partial \log X}{\partial X} > 0$，所以上述问题等价于对（6.5）式求解关于 q_i、γ_i 的极值点，即

$$\max U_E' = \Big[a - b\Big(\sum_{k\neq i} q_k + q_i\Big)\Big]q_i - (C_1 q_i + C_0) - X\gamma_i q_i - Yp_e(k_i - \gamma_i)q_i - Z(\lambda + \mu - \lambda\mu)\beta[(k_i - \gamma_i)q_i - \varepsilon_i] - Ae^{(k_i - \gamma_i)q_i} \tag{6.5}$$

命题1：污染型企业投入的环保治污设备技术费用 t 是单位产量可变成本 C_1 的递减函数，是排污水平 γ_i，单位排污权交易价格 p_e，非法排污行为被政府部门查处或被社会公众监督举报的概率 λ、μ 的递增函数。

证明：根据一阶最优化条件，分别对（6.5）式中的 q_i、γ_i 求一阶偏导，得：

$$\frac{\partial U'_E}{\partial q_i} = [(a - b\sum_{k\neq i} q_i - C_1) - [Z(\lambda + \mu - \lambda\mu)\beta + Yp_e]k_i] + [Z(\lambda + \mu - \lambda\mu)\beta + Yp_e - X]\gamma_i - 2bq_i - (k_i - \gamma_i)Ae^{(k_i - \gamma_i)q_i} \quad (6.6)$$

$$\frac{\partial U'_E}{\partial \gamma_i} = [Z(\lambda + \mu - \lambda\mu)\beta + Yp_e - X]q_i + Ae^{(k_i - \gamma_i)q_i}q_i \quad (6.7)$$

令 $\frac{\partial U'_E}{\partial q_i}=0$，$\frac{\partial U'_E}{\partial \gamma_i}=0$，得：

$$[(a - b\sum_{k\neq i} q_i - C_1) - [Z(\lambda + \mu - \lambda\mu)\beta + Yp_e]k_i] + [Z(\lambda + \mu - \lambda\mu)\beta + Yp_e - X]\gamma_i - 2bq_i - (k_i - \gamma_i)Ae^{(k_i - \gamma_i)q_i} = 0 \quad (6.8)$$

$$[Z(\lambda + \mu - \lambda\mu)\beta + Yp_e - X]q_i + Ae^{(k_i - \gamma_i)q_i}q_i = 0 \quad (6.9)$$

因 q_i 表示企业 i 生产某种产品的产量，所以 $q_i>0$。即（6.9）式等价于（6.10）式：

$$[Z(\lambda + \mu - \lambda\mu)\beta + Yp_e - X] + Ae^{(k_i - \gamma_i)q_i} = 0 \quad (6.10)$$

由（6.9）式，可得：

$$Ae^{(k_i - \gamma_i)q_i} = X - Z(\lambda + \mu - \lambda\mu)\beta - Yp_e \quad (6.11)$$

将（6.11）式代入（6.8）式，消去 $Ae^{(k_i-\gamma_i)q_i}$，得：

$$[(a-b\sum_{k\neq i}q_i-C_1)-[Z(\lambda+\mu-\lambda\mu)\beta+Yp_e]k_i]+[Z(\lambda+\mu-\lambda\mu)\beta+Yp_e-X]\gamma_i-2bq_i-(k_i-\gamma_i)[X-Z(\lambda+\mu-\lambda\mu)\beta-Yp_e]=0 \quad (6.12)$$

根据（6.12）式，求得：

$$q_i=\frac{a-b\sum_{k\neq i}q_k-C_1-k_i}{2b} \quad (6.13)$$

将（6.13）式代入（6.11）式，求得：

$$\gamma_i=k_i-\frac{2b\ln\left[\frac{X-Z(\lambda+\mu-\lambda\mu)\beta-Yp_e}{A}\right]}{a-b\sum_{k\neq i}q_k-C_1-k_i} \quad (6.14)$$

判别二元函数极大值点的充分条件为：

对于二元函数 $z=f(x,y)$，存在点 (x_0,y_0) 使得 $f_x(x_0,y_0)=0$，$f_y(x_0,y_0)=0$，令 $f_{xx}(x_0,y_0)=A$，$f_{xy}(x_0,y_0)=B$，$f_{yy}(x_0,y_0)=C$，当 $AC-B^2>0$，且 $A<0$ 时有极大值。

根据二阶最优化条件，分别对（6.5）式中的 q_i、γ_i 求二阶偏导，得：

$$\frac{\partial^2 U'_E}{\partial q_i^2}=-2b-(k_i-\gamma_i)^2Ae^{(k_i-\gamma_i)q_i} \quad (6.15)$$

$$\frac{\partial^2 U'_E}{\partial q_i\partial\gamma_i}=[Z(\lambda+\mu-\lambda\mu)\beta+Yp_e-X]+Ae^{(k_i-\gamma_i)q_i}+(k_i-\gamma_i)Ae^{(k_i-\gamma_i)q_i}q_i \quad (6.16)$$

$$\frac{\partial^2 U'_E}{\partial \gamma_i^2} = -Ae^{(k_i-\gamma_i)q_i}q_i^2 \tag{6.17}$$

将（6.13）式、（6.14）式分别代入（6.15）式、（6.16）式、（6.17）式，得：

$$AC - B^2 > 0，且 A < 0$$

因此，（6.13）式、（6.14）式为（6.5）式的极大值点。

因 $\gamma_i = m - \frac{s}{t}$，将（6.14）式代入上述函数表达式，求得：

$$t = \frac{s}{m - k_i + \frac{2b\ln\left[\frac{X - Z(\lambda + \mu - \lambda\mu)\beta - Yp_e}{A}\right]}{a - b\sum_{k \neq i} q_k - C_1 - k_i}} \tag{6.18}$$

因此，污染型企业投入的环保治污设备技术费用 t 是单位产量可变成本 C_1 的递减函数，是排污水平 γ_i，单位排污权交易价格 p_e，非法排污行为被政府部门查处或被社会公众监督举报的概率 λ、μ 的递增函数。

证毕。

命题 1 表明污染型企业通过加强管理和技术革新降低生产成本的重要意义。其重要性在于，该举措不仅可以提高污染型企业的直接利润收益，而且可以提高污染型企业对环保治污设备技术费用的投入，从而达到减少环境污染、产生积极社会效益的目的。

同时，污染型企业加大环保治污设备技术费用投入的内部压力来自污染型企业较低的自行治理污染物水平，外部压力来自较高的排污权交易价格以及被政府部门查处或被社会公众监督举报的概率。其现实意义在于，政府部门通过制定相关政策规范排污权交易市场、加大对污染型企业的监管、建立健全社会公众对企业排污的监督举报机制，可以达到促使污染型企业自身对排污问题的重视的目的。

由上述分析可知，（6.13）式、（6.18）式为一阶条件下企业 i 关于确定均衡产量 q_i 与环保治污设备技术费用 t 的最优化反应函数。因每个污染型企业的反应函数均独立于其他污染型企业的选择，因此（p_i，t）（$i=1$，2，…，n）是第二阶段博弈的纳什均衡。

上述反应函数表明如下几点结论：

（1）污染型企业 i 生产某种产品的产量 q_i 与市场规模 a、价格需求弹性 b、其他污染型企业的产品总量 $\sum_{k \neq i} q_k$ 、单位产量可变成本 C_1、排污水平 k_i 相关。污染型企业的产量是市场规模的递增函数，是价格需求弹性、其他污染型企业的产品总量、单位产量可变成本与排污水平的递减函数。对污染型企业而言，可以通过减少单位产量可变成本与排污水平提高产量；对政府部门而言，可以通过扩大市场规模、降低价格需求弹性提高污染型企业的产量，进而达到提升污染型企业经济效益的目的。

（2）污染型企业 i 投入的环保治污设备技术费用 t 与市场规模 a、价格需求弹性 b、其他污染型企业的产品总量 $\sum_{k \neq i} q_k$ 、单位产量可变成本 C_1、排污水平 k_i、排污权交易价格 p_e、企业非法排污行为被政府部门查处或被社会公众监督举报的概率 λ、μ 和单位超标罚金 β 相关。污染型企业投入的环保治污设备技术费用是市场规模、单位产量可变成本的递减函数，是价格需求弹性、其他污染型企业的产品总量、排污水平、单位排污权交易价格、非法排污行为被政府部门查处或被社会公众监督举报的概率、单位超标罚金的递增函数。即单位产量可变成本越低，排污水平、单位排污权交易价格、被政府部门查处或被社会公众监督举报的概率、单位超标罚金越高，污染型企业投入的环保治污设备技术费用越大。

其次，求解第一阶段博弈中政府部门的纳什均衡。

政府部门知道污染型企业的反应函数，把其代入其支付函数使下述问题最优：

$$\max U_G = \sum_{i=1}^{n} \log\left[\left(a - b\left(\sum_{k \neq i} q_k + q_i\right)\right)q_i - (C_1 q_i + C_0)\right] - \sum_{i=1}^{n} \log A e^{\left[k_i - \left(m - \frac{s}{t}\right)\right] q_i}$$

$$\text{s. t} \quad \sum_{i=1}^{n} \log A e^{\left[k_i - \left(m - \frac{s}{t}\right)\right] q_i} \leqslant \bar{\theta}$$

将（6.13）式、（6.18）式代入（6.4）式，得出（6.19）式。即上述问题转变为求取带约束条件的（6.19）式的目标函数。

$$\max U_G = \sum_{i=1}^{n} \log\left[\left(\left(a - b\left(\sum_{k \neq i} q_k + \frac{a - b\sum_{k \neq i} q_k - C_1 - k_i}{2b}\right)\right)\right)\right.$$

$$\left.\frac{a - b\sum_{k \neq i} q_k - C_1 - k_i}{2b} - \left(C_1 \frac{a - b\sum_{k \neq i} q_k - C_1 - k_i}{2b} + C_0\right)\right] -$$

$$\sum_{i=1}^{n} \log A e^{\left[k_i - \left(m - \frac{s}{\frac{s}{m - k_i + \frac{2b \ln\left[\frac{X - z(\lambda + \mu - \lambda\mu)\beta - Ype}{A}\right]}{a - b\sum_{k \neq i} q_k - C_1 - k_i}}}\right)\right] \frac{a - b\sum_{k \neq i} q_k - C_1 - k_i}{2b}}$$

$$= \sum_{i=1}^{n} \log\left[\left(a - b\sum_{k \neq i} q_k - C_1\right)\frac{a - b\sum_{k \neq i} q_k - C_1 - k_i}{2b} - \right.$$

$$\left. b\left(\frac{a - b\sum_{k \neq i} q_k - C_1 - k_i}{2b}\right)^2 - C_0\right] -$$

$$\sum_{i=1}^{n} \log\left[x - z(\lambda + \mu - \lambda\mu)\beta - Yp_e\right]$$

$$= \sum_{i=1}^{n} \log\left[\left(a - b\sum_{k \neq i} q_k - C_1\right)\frac{a - b\sum_{k \neq i} q_k - C_1 - k_i}{2b} - \right.$$

$$\left. b\left(\frac{a - b\sum_{k \neq i} q_k - C_1 - k_i}{2b}\right)^2 - C_0\right] - n\log\left[X - Z(\lambda + \mu - \lambda\mu)\beta - Yp_e\right]$$

$$\text{s.t} \quad \sum_{i=1}^{n} \log\left[X - Z(\lambda + \mu - \lambda\mu)\beta - Yp_e\right] = n\log\left[X - Z(\lambda + \mu - \lambda\mu)\beta - Yp_e\right] \leqslant \bar{\theta}$$

（6.19）

命题2：政府部门制定的排污权交易价格 p_e 是单位超标罚金 β 的递减函数，是非法排污行为被政府部门查处或被社会公众监督举报的概率 λ、μ 的递减函数。

证明：针对（6.19）式，构造Lagrange函数。

$$L = \sum_{i=1}^{n} \log\left[(a - b\sum_{k\neq i} q_k - C_1)\frac{a - b\sum_{k\neq i} q_k - C_1 - k_i}{2b} - b\left(\frac{a - b\sum_{k\neq i} q_k - C_1 - k_i}{2b}\right)^2 - C_0\right] - n\log[X - Z(\lambda + \mu - \lambda\mu)\beta - Yp_e] + \psi[n\log[X - Z(\lambda + \mu - \lambda\mu)\beta - Yp_e] - \bar{\theta}] \tag{6.20}$$

根据一阶最优化条件，分别对 p_e、ψ 求一阶偏导，得

$$\frac{\partial L}{\partial p_e} = \frac{Y(1 - \psi)n}{X - Z(\lambda + \mu - \lambda\mu)\beta - Yp_e} \tag{6.21}$$

$$\frac{\partial L}{\partial \psi} = n\log[X - Z(\lambda + \mu - \lambda\mu)\beta - Yp_e] - \bar{\theta} \tag{6.22}$$

令 $\frac{\partial L}{\partial p_e}=0$，$\frac{\partial L}{\partial \psi}=0$，得：

$$\frac{Y(1 - \psi)n}{X - Z(\lambda + \mu - \lambda\mu)\beta - Yp_e} = 0 \tag{6.23}$$

$$n\log[X - Z(\lambda + \mu - \lambda\mu)\beta - Yp_e] - \bar{\theta} = 0 \tag{6.24}$$

根据（6.23）式、（6.24）式，求得：

$$p_e = \frac{X - Z(\lambda + \mu - \lambda\mu)\beta - \alpha^{\frac{\bar{\theta}}{n}}}{Y} \tag{6.25}$$

其中，α 为函数 $f(x)=\log x$ 的底数，且满足 $\alpha>1$。

根据最优化的二阶条件，分别对 p_e、ψ 求二阶偏导，得：

$$\frac{\partial^2 L}{\partial p_e^2}=\frac{Y^2(1-\psi)n}{[X-Z(\lambda+\mu-\lambda\mu)\beta-Yp_e]^2} \tag{6.26}$$

$$\frac{\partial^2 L}{\partial p_e \partial\psi}=-n \tag{6.27}$$

$$\frac{\partial^2 L}{\partial\psi^2}=0 \tag{6.28}$$

根据判别二元函数极大值点的充分条件，将一阶条件下的 p_e、ψ 分别代入（6.26）式、（6.27）式、（6.28）式，得：

$$AC-B^2>0\text{，且 }A<0$$

因此，（6.25）式是（6.20）式的极大值点。

政府部门制定的排污权交易价格 p_e 是单位超标罚金 β 的递减函数，是非法排污被政府部门查处或被社会公众监督举报的概率 λ、μ 的递减函数。

证毕。

命题 2 表明，政府部门出台的排污权交易制度与超标排污罚款制度二者之间具有此消彼长的作用关系。对污染型企业而言，虽然选择上述两种制度均会增加排污成本而导致利润的减少，但是污染型企业因超标排污被政府部门罚款同样会对企业的社会形象、公众影响力造成不可逆转的损害。因此，对污染型企业而言，选择排污权交易制度不失为一种正确之举。

同时，政府部门出台一系列针对企业排污问题的政策具有重要意义。对政府部门而言，该举措可以减少政府部门的财政支出、提高资金的利用率；对污染型企业而言，该举措能够使得政府部门制定较高的排污权交易价格，促使污染型企业内部形成成本压力，从而使污染型企业通过加大环保治污设备技术的投入，提高自身治理污染的能力，以达到保护自然生态、产生积极社会影响的效果。

由上述分析可知，(6.25) 式为二阶条件下政府部门关于规定污染型企业在排污权交易市场中的排污权交易价格 p_e 的最优化反应函数。因政府部门的反应函数独立于污染型企业的选择，所以 p_e 是第一阶段博弈的纳什均衡。

上述反应函数表明如下几点结论：

(1) 政府部门规定污染型企业在排污权交易市场中的排污权交易价格 p_e 与污染型企业的数量 n，单位超标罚金 β，企业非法排污被政府部门查处或被社会公众监督举报的概率 λ、μ，以及损害 $\bar{\theta}$ 相关。政府部门制定的排污权交易价格是关于污染型企业数量的递增函数，是单位超标罚金、非法排污被政府部门查处或被社会公众监督举报的概率、现有环境和社会公众能够承受的污染损害的递减函数。即污染型企业的数量越多，单位超标罚金越少、被政府部门查处或被社会公众监督举报的概率越小、现有环境和公众承受的污染损害程度越低，故政府部门制定的排污权交易价格应当越高。

(2) 由上述“政府部门制定的排污权交易价格是污染型企业数量的递增函数”这一结果，可以得出目前在排污权交易市场中，污染型企业的数量呈现逐渐增加的态势，因此政府部门通过提高排污权交易价格规范污染型企业的排污行为，这一趋势在短时间内不会发生变化。

6.4.3 两种制度的比较

针对企业存在的非法排污问题，政府部门制定了相应的政策，如排污权交易制度和超标排污罚款制度。

就减排效果而言，政府部门制定的两种制度，均可有效对污染型企业进行监管，促使污染型企业自身对排污问题的重视，取得保护自然生态、产生积极社会影响的效果。但是，根据 (6.14) 式、(6.18) 式可知，治污水平 γ_i，污染型企业投入的环保治污设备技术费用 t 均是排污权交易价格 p_e，以及非法排污行为被政府部门查处或被社会公众监督举报的概率 λ、μ 的递增函数。因此，相较于超标排污罚款制度而言，排污权交易制度可以在污染型企业内部形成内部压力，即污染型企业较低的自行治理污染物的水平；在污染型企业外部形成外部压力，即较高的排污权交易价格以及被政府部门查处或被社会公众监督举报的概率，从而可以使得污染型企业加大环保治污设备技术费用投入。即相较于被动的超标排污罚款制度，排污权交易制度是一种更为主动地处理企业非法排污问题的政策。

根据（6.3）式可知，企业 i 的支付函数是污染型企业投入的环保治污设备技术费用 t，排污权交易价格 p_e，非法排污行为被政府部门查处或被社会公众监督举报的概率 λ、μ 的递减函数。对污染型企业而言，虽然选择上述两种制度均会增加排污成本而导致利润的减少，但是排污权交易制度作为一种主动地处理企业非法排污问题的政策，会使企业产生更多的环境效益。且污染型企业因超标排污被政府部门罚款，同样会对企业的社会形象、公众影响力造成不可逆转的损害。因此，对污染型企业而言，选择排污权交易制度不失为一种明智之举。

根据（6.4）式可知，政府部门的支付函数是污染型企业投入的环保治污设备技术费用 t 的递增函数。对政府部门而言，因排污权交易制度中引入被政府部门查处或被社会公众监督举报的概率，故政府部门可以有效处理企业非法排污问题，使政府部门的社会效益及环境效益得以大大提高。同时，制定排污权交易制度对降低检查监管成本具有重要意义。排污权交易制度的制定，可以减少政府部门因选择超标排污罚款制度带来的政府部门查处或处理社会公众监督举报的经费支出，有效提高财政资金的利用率。

因此，通过对两种制度的分析比较可得，排污权交易制度优于超标排污罚款制度。

6.5 算例分析

为了进一步验证结论的正确性，并进行深入的探讨，将对上述博弈模型进行算例分析。

6.5.1 参数设定

根据企业 i 和政府部门的实际决策，对博弈模型中的各个参数进行设定，如表 6－1 所示。

表 6－1　参数设定

参数	C_1	$\sum_{k\neq i} q_k$	k_i	p_e	β	$\bar{\theta}$
取值	100	10 000	0.5	300	3 000	5 000
参数	a	b	m	s	λ	μ
取值	1 000	0.1	2	30	0.7	0.4
参数	X	Y	Z	A	α	n
取值	5 000	1	1	10	1.5	1 000

依据当前企业生产、排污以及对环保的重视程度的实际情况，分别对单位产量可变成本 C_1、排污水平 k_i，以及生产参数 a、b、$\sum_{k\neq i} q_k$，治污参数 m、s 进行相应的赋值。其中，考虑到目前污染型企业较强的生产能力以及有限的治污水平，将排污水平 k_i 设定为 0.5。依据当前政府针对企业排污采取的方针政策，分别对非法排污行为被政府部门查处或被社会公众监督举报的概率 λ、μ，单位超标罚金 β，排污权交易价格 p_e，损害 $\bar{\theta}$ 进行合理化赋值。其中，污染型企业所处的行业领域、地域不同，非法排污行为被政府部门查处或被社会公众监督举报的概率有所区别。但考虑到政府部门较强的执行能力以及社会公众有限的参与程度，将非法排污行为被政府部门查处或被社会公众监督举报的概率 λ、μ 分别设定为较为理想的状态 0.7、0.4。单位超标罚金 β、排污权交易价格 p_e 的设定主要以目前政府部门实际制定的政策为依据。此外，为了保证各个量纲的一致性，分别对参数 X、Y、Z、A、α、n 进行赋值。

通过以上的参数设定，根据（6.13）式、（6.18）式、（6.25）式，分别得到企业 i 和政府部门的策略：企业 i 确定的均衡产量 $q_i^* = 399.75$，环保治污设备技术费用 $t^* = 19.98$，政府部门制定的排污权交易价格 $p_e^* = 2\ 292.41$。

6.5.2 模拟及分析

1. 企业 i 确定的环保治污设备技术费用 t 的影响因素

依次保持其他自变量不变，分别作单位产量可变成本 C_1，单位超标罚金 β，排污权交易价格 p_e，非法排污行为被政府部门查处或被社会公众监督举报的概率 λ、μ 关于环保治污设备技术费用 t 的函数图像，如图 6－2 所示。

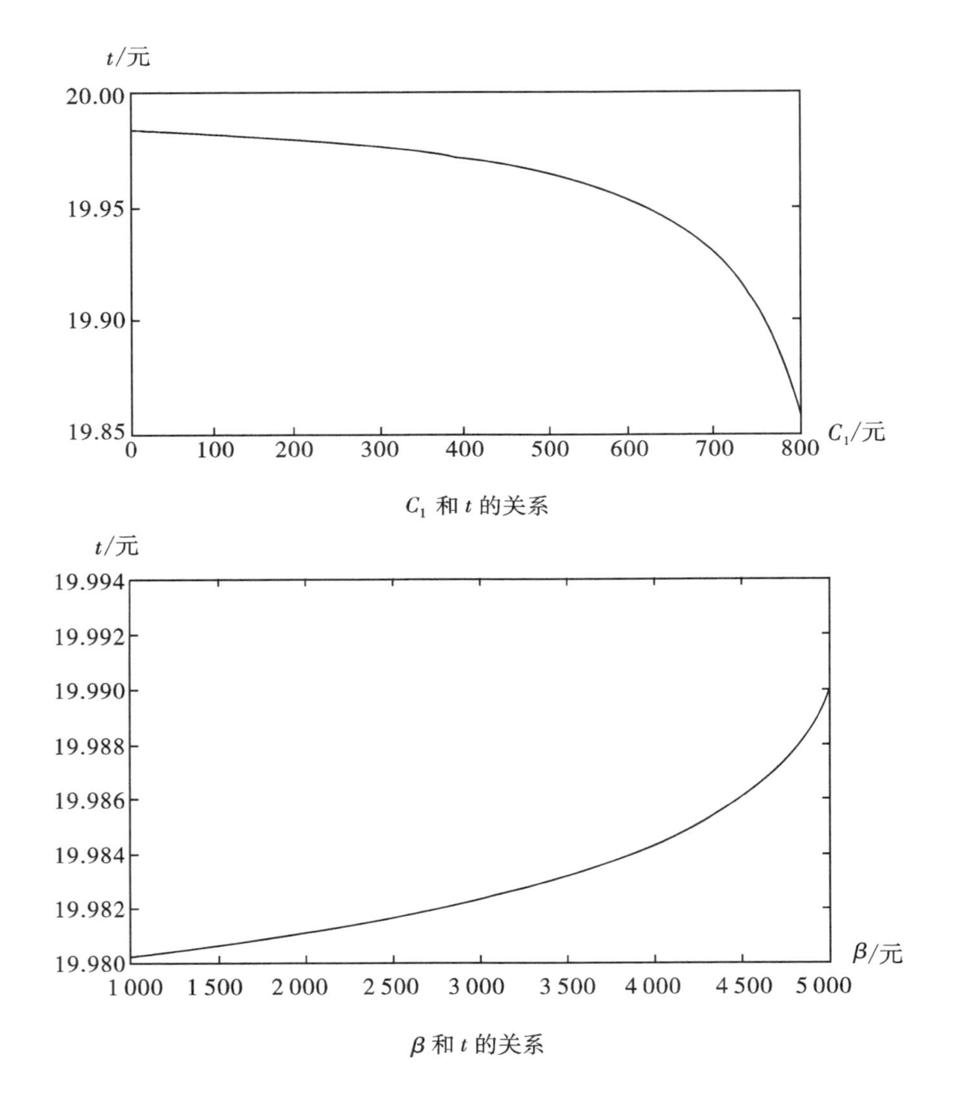

C_1 和 t 的关系

β 和 t 的关系

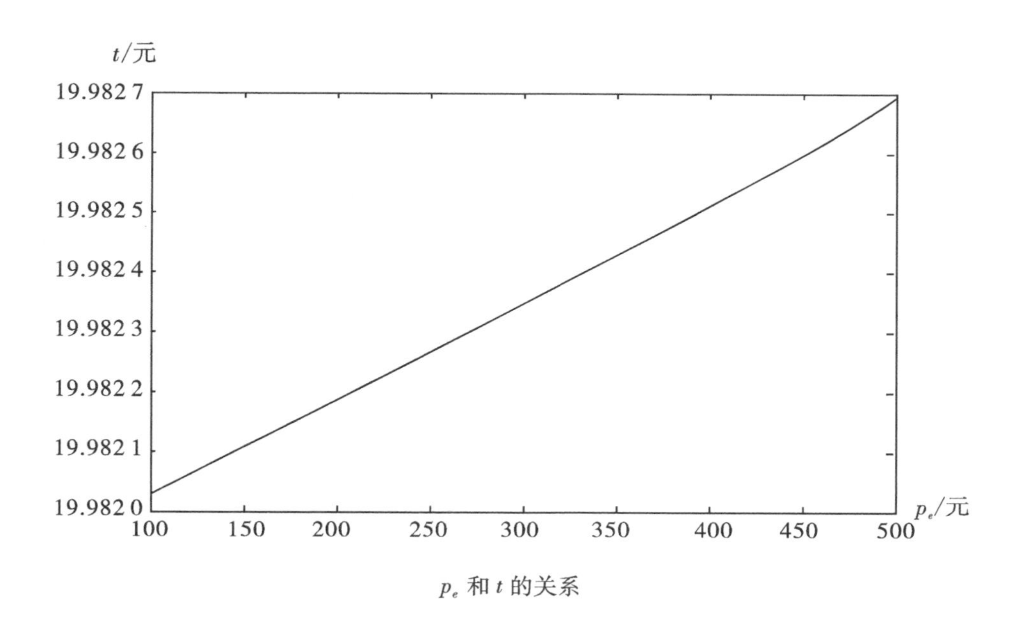

p_e 和 t 的关系

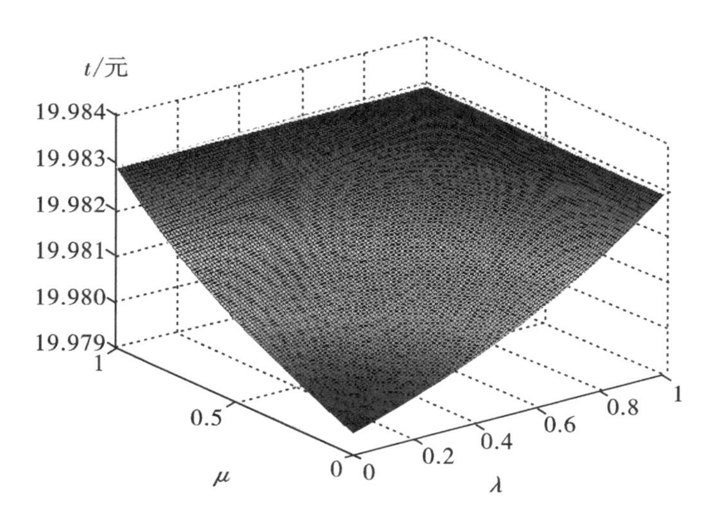

λ、μ 和 t 的关系

图 6 – 2

由上述的模拟结果，分析各个自变量对因变量的影响作用可知，污染型企业投入的环保治污设备技术费用 t 是单位产量可变成本 C_1 的递减函数，是排污权交易价格 p_e，非法排污行为被政府部门查处或被社会公众监督举报的概率 λ、μ 以及单位超标罚金 β 的递增函数。因此，该模拟结果与命题 1 相一致。

结合模拟出来的函数图像，比较不同因变量在相同变化量下自变量的相对变化量，并对各个因变量进行敏感性分析。通过比较发现，对于环保治污设备技术费用 t 而言，单位产量可变成本 C_1 的敏感性系数较高。

2．政府部门制定的排污权交易价格 p_e 的影响因素

依次保持其他自变量不变，分别作单位超标罚金 β，非法排污行为被政府部门查处或被社会公众监督举报的概率 λ、μ 关于排污权交易价格 p_e 的函数图像，如图 6－3 所示。

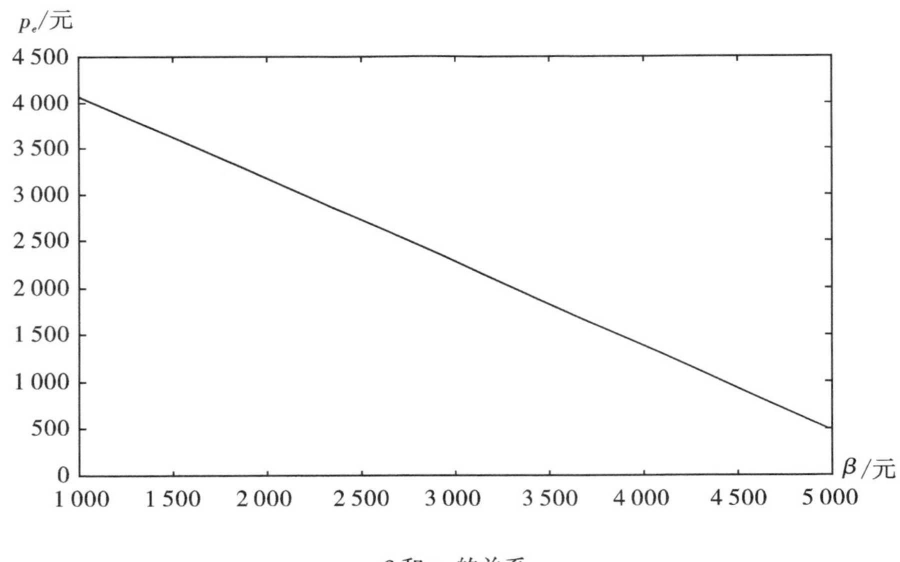

β 和 p_e 的关系

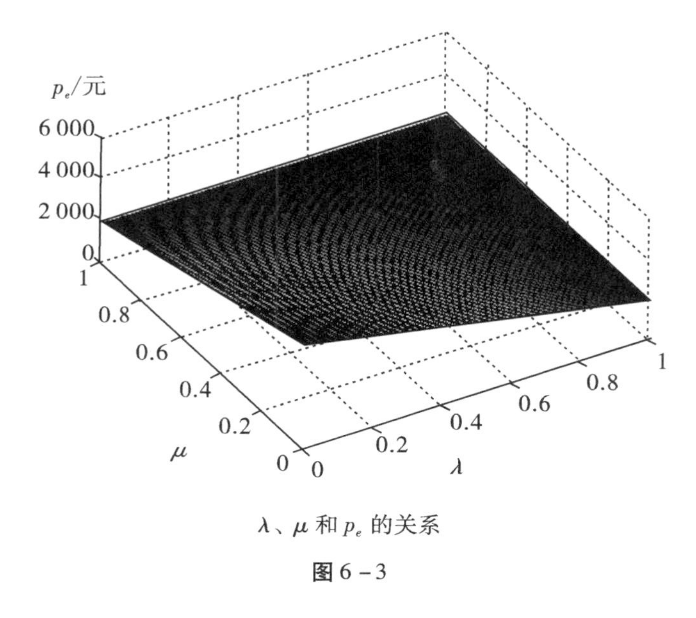

λ、μ 和 p_e 的关系

图 6－3

由上述的模拟结果，分析各个自变量对因变量的影响作用可知，政府部门制定的排污权交易价格 p_e 是单位超标罚金 β 的递减函数，是非法排污行为被政府部门查处或被社会公众监督举报的概率 λ、μ 的递减函数。因此，该模拟结果与命题 2 相一致。

结合模拟出来的函数图像，比较不同因变量在相同变化量下自变量的相对变化量，对各个因变量进行敏感性分析。通过比较发现，对于排污权交易价格 p_e 而言，非法排污行为被政府部门查处或被社会公众监督举报的概率 λ、μ 的敏感性系数较高。

6.6 建议对策

通过上述的分析，本章对目前企业非法排污问题制度治理提出以下几点建议：

（1）明确政府部门在企业非法排污问题监管中的责任。污染型企业的经济效益、整个社会的公众效益与环境效益最大化的合理界定能够给政府部门提供监管动力。

（2）政府部门通过投入科研资金或给予相应的奖励措施，可以激励污染型企业改进生产技术、降低生产成本，提高污染型企业自身治污水平，增加社会效益、节约社会成本。

（3）政府部门建立完善的排污权交易机制、建立健全社会公众对企业排污的监督举报机制，可以有效降低对污染型企业的检查监管成本、提高财政资金的利用率、减少排污总量。

（4）提高排污权交易市场中的排污权交易价格是减少超标排污的有效途径。

本章小结

本章针对我国污染型企业非法排污问题制度治理所存在的漏洞，以环境保护中的排污权交易市场为设计背景，基于 Stackelberg 博弈模型对政府部门与污染型企业展开了动态博弈分析。通过对政府部门制定的排污权交易价格、污染型企业确定的生产产量与投入的环保治污设备技术费用进行策略研究，同时引入非法排污行为被政府部门查处或被社会公众监督举报的概率，对污染型企业的经济效益、政府部门的社会效益及环境效益进行了重新定位和深入讨论。进而在分析最优化反应函数的框架下，构建了一种以总量控制为基础的排污权交易机制制度治理模型，考察了排污权交易机制制度对污染型企业、政府、社会公众与环境的影响。

研究发现，污染型企业通过加强管理和技术革新降低生产成本，不仅可以提高污染型企业的直接利润，而且可以提高污染型企业对环保治污设备技术费用的投入。政府部门通过制定相关政策规范排污权交易市场、加大对污染型企业的监督管理、健全社会公众对企业排污的监督举报机制，可以达到促进污染型企业自身对排污问题的重视的目的。同时在排污权交易市场中，对政府部门而言，提高排污权交易价格以规范污染型企业排放污染物行为的趋势短时间内不会改变；对污染型企业而言，选择排污权交易制度是一种明智之举。政府部门出台的针对企业排污问题的政策可以有效降低检查监管成本，并在污染型企业内部形成成本压力，使污染型企业通过加大环保治污设备技术费用的投入提高企业自身治污的能力。

本章的结论可以看作对当下提高企业非法排污问题制度治理合理性与有效性的一种思考，同时也提供了有关我国自然生态环境保护政策现状中以排污权交易市场为工具的污染治理模型的参考。

企业非法排污问题制度治理的制定和实施包含诸多因素，本章仅基于 Stackelberg 博弈模型对政府部门与污染型企业进行博弈分析方面的探讨，进一步的研究还可以从以下几个方面展开①：政府部门与污染型企业之间的重复博弈分析、政策的动态一致性分析、相关政策能否满足机制设计基本约束的研究等。

① DUBOIS P，VUKINA T. Optimal incentives under moral hazard and heterogeneous agents：evidence from production contracts data [J]. International journal of industrial organization，2009，27（4）：489 - 500.

7 企业治污投入与排污权交易政策动态一致性的博弈机制研究

7.1 引言

目前，伴随着世界全面进入经济全球化和科学技术不断改革创新的新阶段，企业已经逐步在促进社会进步与发展中发挥中坚力量。但是，小部分企业出于自身行业属性，在生产过程中产生一定的废弃物[①]，对周围环境和社会产生了危害。这部分企业主要为关系国计民生的基础产业，因此需要针对该部分企业的排污问题逐步建立和完善一套治理机制[②]，保障企业实际运营的安全高效，维护生产发展与生态环境的可持续发展，以达到经济效益、社会效益和环境效益最大化的目的。

为了进一步遏制我国环境不断恶化的严峻趋势，国家相继出台了一系列政策、法律规定，实施以控制污染物排放总量[③]为标准的管理方法。现阶段，排污权交易制度[④]成为治理企业排污问题的主要手段之一。旨在通过发挥市场机制效应推动污染物减排而出台的《推进排污权有偿使用和交易试点工作的指导意见》指出，建立排污权有偿使用和交易制度，是我国环境资源领域一项

---

① ANOOP M, MOHAMMAD K, BART B. Understanding alliance evolution and termination: adjustment costs and the economics of resource value [J]. Strategic organization, 2015, 13 (2): 91 – 116.

② 李大元，孙妍，杨广. 企业环境效益、能源效率与经济绩效关系研究 [J]. 管理评论，2015, 27 (5): 29 – 37.

③ RUPAYAN P, BIBHAS S. Pollution tax, partial privatization and environment [J]. Resource and energy economics, 2015, 40 (1): 19 – 35.

④ 郁培丽，石俊国，窦姗姗，等. 技术创新、溢出效应与最优环境政策组合 [J]. 运筹与管理，2014, 23 (5): 237 – 242.

重大的、基础性的机制创新和制度改革，是生态文明制度建设的重要内容。排污权交易制度是指在一定区域内，在污染物排放总量不超过允许排放量的前提下，政府部门规定排污总量上限，按此上限发放排污许可证，内部各污染源之间通过货币交换的方式相互调剂排污量的制度。[①] 排污权交易制度的意义在于促使企业出于自身利益的考虑而提升治污积极性，使污染治理的政府规制行为变为企业的自觉行为，在市场化交易下最终实现控制污染物排放总量的目标。

文献表明，排污权交易市场存在如分配障碍、买卖不公、重交易轻整体等一系列制度管理缺陷。[②] 同时，对排污权交易的研究主要集中在政府部门确定排污权相关政策的单一环节中，没有将企业对政策决策的反馈效应、社会公众参与政策的程度等相关因素考虑在内，且忽视了制定政策带来的环境效益与社会效益，无法解决政府部门和企业之间动态博弈的核心问题，即政策动态一致性。此外，对于一些分配问题，目标函数优化模型假设过多，难以应用于管理实践；或因研究条件有所放宽，导致结论过于宽泛，无法对管理活动提出有应用价值的建议。

因此，本章将构建包括政府部门和企业的博弈模型，并对模型进行动态分析。同时，引入非法排污行为被政府部门查处或被社会公众监督举报的概率，在研究企业治污投入与政策动态一致性的基础上，深入讨论并重新定位企业的经济效益、政府部门的社会效益和环境效益，并重点探讨以下问题：

（1）在博弈双方两种不同行动顺序下，企业选择的最优策略生产量、政府部门确定的最优策略规定企业单位产量的排污水平；

（2）平均主义倾向与非平均主义倾向两种条件下，政策动态一致性的判定；

（3）企业投入的环保治污设备技术费用与政府部门关注的社会效益和环境效益的权衡。

---

① 张文彬，李国平，王奕淇．企业排污权交易行为及交易制度稳定性影响［J］．经济与管理研究，2015，36（9）：96－102.

② RUPAYAN P，BIBHAS S. Pollution tax，partial privatization and environment［J］. Resource and energy economics，2015，40：19－35.

7.2 博弈模型的描述

以排污权交易政策为背景，针对企业排污问题，本章基于 Stackelberg 博弈模型构建以控制污染物排放总量为标准的治理模型。在该模型中，包括 1 个政府部门和 n 个企业，进行完全信息动态博弈。

7.2.1 前提假设

假设 1：某一特定地区存在一个政府部门和 n（$n>1$）个污染型企业。

假设 2：企业 i（$i=1$，2，…，n）在产品市场上的生产量为 q_i，反需求函数为 $p_i=a-bQ$。其中，p_i 表示市场价格，Q 表示该地区的生产总量（$Q=\sum_{i=1}^{n}q_i=\sum_{k\neq i}q_k+q_i$），$a$ 表示市场规模，b 表示该价格需求弹性，且 a、b 为满足 $a>0$，$b>0$，$a-bQ>0$ 的常数。

假设 3：企业 i 的生产成本函数为 $C_i=C_1q_i+C_0$。其中，C_1 为单位产量可变生产成本，C_0 为固定生产成本。

假设 4：政府部门针对企业排污问题制定相关的环境政策，首先企业 i 需要进行无公害化处理、排放生产中产生的污染物，其次企业 i 排放的污染物需要限定在某一限额中。考虑部分企业处理污染物的能力有限，未能达标排放或超额排放的污染物需要借助排污权交易市场进行二次排放。因周围环境对企业排放污染物的生态承载能力有限，企业通过排污权交易市场向外界排放的污染物同样限定在某一限额中，否则企业存在非法排污行为，需要接受罚款。

假设 5：企业 i 生产单位产品的排污水平为 k_i，生产单位产品的治污水平为 γ_i，则企业 i 的排污总量为 $e_i=(k_i-\gamma_i)q_i$，企业 i 的治污成本函数为 $E_{i1}=X\gamma_iq_i$。其中，X 是治理单位污染物的成本。

假设 6：政府部门规定企业 i 通过完全竞争的排污交易市场排放污染物的上限为 ε_i。当 $e_i\leq\varepsilon_i$ 时，企业 i 的排污权交易成本函数为 $E_{i2}=p_ee_i=p_e(k_i-\gamma_i)q_i$。其中，$p_e$ 为排污权交易价格。当 $e_i>\varepsilon_i$ 时，企业 i 存在非法排污行为。

若该非法排污行为被政府部门查处或被社会公众监督举报，则企业 i 受到的罚款数额为 $F_i=(\lambda+\mu-\lambda\mu)\beta(e_i-\varepsilon_i)=(\lambda+\mu-\lambda\mu)\beta[(k_i-\gamma_i)q_i-\varepsilon_i]$。其中，$\beta$ 为单位超标罚金，λ、μ 分别为非法排污行为被政府部门（G）查处或被社会公众（S）监督举报的概率，且有 $P(G\cup S)=P(G)+P(S)-P(GS)=\lambda+\mu-\lambda\mu$。

假设7：无论企业 i 是否具有非法排污行为，企业 i 排放的污染物均会对周围环境和社会产生一定程度的损害 θ_i，$\theta_i=Ae_i^2=A[(k_i-\gamma_i)q_i]^2$。其中，$A$ 为单位污染物对环境和社会产生的折合为经济指数的损害。

7.2.2　支付函数

基于上述前提假设，在以控制污染物排放总量为标准的治理博弈模型中，企业 i 的支付函数为：

$$\max U_E=p_iq_i-C_i-E_{i1}-E_{i2}-F_i \tag{7.1}$$

政府部门的支付函数为：

$$\max U_G=\sum_{i=1}^{n}\alpha_i\log\theta_i$$
$$\text{s.t}\quad \sum_{i=1}^{n}e_i\leqslant\bar{\theta} \tag{7.2}$$

其中，α_i 为权系数，若 $\alpha_i=\alpha_j$（i，$j=1$，2，…，n），则环境政策具有平均主义倾向，否则为非平均主义倾向。$\bar{\theta}$为某一特定地区周围环境能够承载的企业排放污染物造成的损害。因政府部门的环境效益具有边际递减规律，因而将其支付函数取对数表示。

当企业的排污行为符合政府部门的规定时，企业支付函数只存在排污权交易成本 E_{i2}，不存在超标排污罚款，即 $F_i=0$（此时，λ、μ 取值为0）。当企业存在超标排污的非法行为，但企业排放的污染物仍是经过治污处理后向外界排放的，支付函数中存在排污权交易成本 E_{i2}，也存在超标排污罚款数额 F_i。综合以上两种情况，将企业的支付函数进行统一。

将前提假设中的函数表达式代入（7.1）式、（7.2）式，得到企业 i 的支付函数为：

$$\max U_E = \left[a - b\left(\sum_{k \neq i} q_k + q_i\right)\right]q_i - (C_1 q_i + C_0) - X\gamma_i q_i - p_e(k_i - \gamma_i)q_i - (\lambda + \mu - \lambda\mu)\beta[(k_i - \gamma_i)q_i - \varepsilon_i] \tag{7.3}$$

政府部门的支付函数为

$$\max U_G = \sum_{i=1}^{n} \alpha_i \log A\,(k_i - \gamma_i)^2 q_i^2 \qquad \text{s. t} \quad \sum_{i=1}^{n}(k_i - \gamma_i)q_i \leqslant \bar{\theta} \tag{7.4}$$

由上述支付函数的表达式可知，企业 i 的策略是确定产量 q_i，支付是经济效益 U_E；政府部门的策略是基于排污权交易市场规定企业单位产量的治污水平 γ_i，支付是社会效益和环境效益 U_G。

7.2.3 行动顺序

在实际生产活动中，政府部门与企业之间的博弈行为属于不对称完全信息动态博弈，因而在博弈过程中存在双方行动顺序的问题。如果政府部门具有信用，则企业认为政府部门在其确定产量后不会再次修改单位产量治污水平，企业会依据治污水平政策选择产量，即为政府部门先行动，n 个企业后行动。如果政府部门不具有信用，则企业认为政府部门可能根据其确定的产量重新修改单位产量治污水平，企业不会理会治污水平政策而随意选择产量，即为 n 个企业先行动，政府部门后行动。

7.3 均衡结果的求取

7.3.1 政府部门具有信用

不对称完全信息动态博弈的目标是求取子博弈精炼纳什均衡，即政府部门制定的企业单位产量的治污水平和企业选择的均衡产量。因此，在政府部门具有信用的博弈中，将把博弈均衡定义为：假定各个企业的支付函数，政府部门的选择是最优的。

1. 企业 i 的均衡结果

求解动态博弈第二阶段中企业 i 的纳什均衡，即确定产量 q_i，使下述问题最优：

$$\max U_E = [a - b(\sum_{k \neq i} q_k + q_i)]q_i - (C_1 q_i + C_0) - X\gamma_i q_i - p_e(k_i - \gamma_i)q_i - (\lambda + \mu - \lambda\mu)\beta[(k_i - \gamma_i)q_i - \varepsilon_i]$$

根据一阶最优化条件，对式中 q_i 求一阶偏导，并令 $\frac{\partial U_E}{\partial q_i} = 0$，得：

$$[(a - b\sum_{k \neq i} q_i - C_1) - [(\lambda + \mu - \lambda\mu)\beta + p_e]k_i] + [(\lambda + \mu - \lambda\mu)\beta + p_e - X]\gamma_i - 2bq_i = 0 \quad (7.5)$$

根据（7.5）式，求得：

$$q_i^* = \frac{M + N\gamma_i}{2b} \quad (7.6)$$

其中，$M = (a - b\sum_{k \neq i} q_i - C_1) - [(\lambda + \mu - \lambda\mu)\beta + p_e]k_i$，$N = (\lambda + \mu - \lambda\mu)\beta + p_e - X$。

由上述分析可知，(7.6) 式为一阶条件下企业 i 关于选择产量策略的最优反应函数。因每个企业选择的反应函数均独立于其他企业，因此 q_i^* ($i = 1, 2, \cdots, n$) 是动态博弈第二阶段的子博弈精炼纳什均衡。

2. 政府部门的均衡结果

求解动态博弈第二阶段中政府部门的纳什均衡，即确定单位产量治污水平 γ_i，使下述问题最优：

$$\max U_G = \sum_{i=1}^{n} \alpha_i \log A (k_i - \gamma_i)^2 q_i^2$$
$$\text{s. t} \quad \sum_{i=1}^{n} (k_i - \gamma_i) q_i \leqslant \bar{\theta}$$

政府部门获得企业 i 的反应函数，将 (7.6) 式代入支付函数。即上述问题转化为求解带约束条件的 (7.7) 式的目标函数。

$$\max U_G = \sum_{i=1}^{n} \alpha_i \log \frac{A (k_i - \gamma_i)^2 (M + N\gamma_i)^2}{4b^2}$$
$$\text{s. t} \quad \sum_{i=1}^{n} \frac{(k_i - \gamma_i)(M + N\gamma_i)}{2b} \leqslant \bar{\theta} \tag{7.7}$$

针对 (7.7) 式，构造 Lagrange 函数。

$$L = \sum_{i=1}^{n} \alpha_i \log \frac{A (k_i - \gamma_i)^2 (M + N\gamma_i)^2}{4b^2} + \psi\left[\bar{\theta} - \sum_{i=1}^{n} \frac{(k_i - \gamma_i)(M + N\gamma_i)}{2b}\right] \tag{7.8}$$

根据一阶最优化条件，分别对（7.8）式中的 γ_i、ψ 求一阶偏导，并令 $\frac{\partial L}{\partial \gamma_i}=0$，$\frac{\partial L}{\partial \psi}=0$，得：

$$\frac{\partial L}{\partial \gamma_i} = \frac{2N\alpha_i}{M + N\gamma_i} - \frac{2\alpha_i}{k_i - \gamma_i} + \frac{\psi N(2\gamma_i - k_i)}{2b} + \frac{\psi M}{2b} = 0 \tag{7.9}$$

$$\frac{\partial L}{\partial \psi} = \bar{\theta} - \sum_{i=1}^{n} \frac{(k_i - \gamma_i)(M + N\gamma_i)}{2b} = 0 \tag{7.10}$$

由（7.9）式消去$\frac{\psi M}{2b}$，得：

$$\frac{2N\alpha_i}{M + N\gamma_i} - \frac{2\alpha_i}{k_i - \gamma_i} + \frac{\psi N(2\gamma_i - k_i)}{2b} = \frac{2N\alpha_i}{M + N\gamma_i} - \frac{2\alpha_i}{k_i - \gamma_i} + \frac{\psi N(2\gamma_i - k_i)}{2b} \tag{7.11}$$

求解（7.10）式、（7.11）式可得政府部门的最优选择 γ_i^*。虽求解过程较为困难，但是由后面的分析可知不需要具体求解，亦可进行相关分析。

7.3.2　政府部门不具有信用

在政府部门不具有信用的博弈中，将把博弈均衡定义为：假定政府部门的支付函数，企业 i 的选择是最优的。

1. 政府部门的均衡结果

求解动态博弈第二阶段中政府部门的纳什均衡，即确定单位产量治污水平 γ_i，使下述问题最优：

$$\max U_G = \sum_{i=1}^{n} \alpha_i \log A\ (k_i - \gamma_i)^2 q_i^2$$

$$\text{s.t}\quad \sum_{i=1}^{n} (k_i - \gamma_i) q_i \leqslant \bar{\theta}$$

针对上述问题，构造 Lagrange 函数。

$$L = \sum_{i=1}^{n} \alpha_i \log A\ (k_i - \gamma_i)^2 q_i^2 + \psi\Big(\bar{\theta} - \sum_{i=1}^{n} (k_i - \gamma_i) q_i\Big) \tag{7.12}$$

根据一阶最优化条件，分别对（7.12）式中的 γ_i、ψ 求一阶偏导，并令 $\frac{\partial L}{\partial \gamma_i}=0$，$\frac{\partial L}{\partial \psi}=0$，得：

$$\frac{\partial L}{\partial \gamma_i} = \psi q_i - \frac{2\alpha_i}{k_i - \gamma_i} = 0 \tag{7.13}$$

$$\frac{\partial L}{\partial \psi} = \bar{\theta} - \sum_{i=1}^{n} (k_i - \gamma_i) q_i = 0 \tag{7.14}$$

由（7.13）式消去 ψ，得：

$$\frac{\alpha_i}{(k_i - \gamma_i)\ q_i} = \frac{\alpha_j}{(k_j - \gamma_j)\ q_j} \tag{7.15}$$

即

$$\gamma_j = k_j - \frac{\alpha_j q_i\ (k_i - \gamma_i)}{\alpha_i q_j} \tag{7.16}$$

将（7.16）式代入（7.14）式，得：

$$(k_i - \gamma_i) q_i + \sum_{j=1, j\neq i}^{n} \frac{\alpha_j q_i (k_i - \gamma_i)}{\alpha_i} = \bar{\theta} \tag{7.17}$$

根据（7.17）式，求得：

$$\gamma_i(q_1,\ q_2,\ \cdots,\ q_n)=k_i-\frac{\alpha_i\bar{\theta}}{q_i} \tag{7.18}$$

其中，$k_iq_i\geqslant\alpha_i\bar{\theta}$。

2. 企业 i 的均衡结果

求解动态博弈第二阶段中企业 i 的纳什均衡，即确定产量 q_i 使下述问题最优：

$$\max U_E=[a-b(\sum_{k\neq i}q_k+q_i)]q_i-(C_1q_i+C_0)-X\gamma_iq_i-p_e(k_i-\gamma_i)q_i-(\lambda+\mu-\lambda\mu)\beta[(k_i-\gamma_i)q_i-\varepsilon_i]$$

企业 i 获得政府部门的反应函数，将（7.18）式代入支付函数。即上述问题转化为求解（7.19）式的目标函数。

$$\max U_E=[a-b(\sum_{k\neq i}q_k+q_i)]q_i-(C_1q_i+C_0)-X(k_iq_i-\alpha_i\bar{\theta})-p_e\alpha_i\bar{\theta}-(\lambda+\mu-\lambda\mu)\beta(\alpha_i\bar{\theta}-\varepsilon_i) \tag{7.19}$$

根据一阶最优化条件，对式中 q_i 求一阶偏导，并令$\frac{\partial U_E}{\partial q_i}=0$，得：

$$\frac{\partial U_E}{\partial q_i}=a-b\sum_{k\neq i}q_k-C_1-Xk_i-2bq_i=0 \tag{7.20}$$

根据（7.20）式，求得：

$$q_i^{**} = \frac{a - b\sum_{k\neq i} q_k - C_1 - Xk_i}{2b} \tag{7.21}$$

将（7.21）式代入（7.18）式，求得：

$$\gamma_i^{**} = k_i - \frac{2\alpha_i b\bar{\theta}}{a - b\sum_{k\neq i} q_k - C_1 - Xk_i} \tag{7.22}$$

由上述分析可知，（7.21）式、（7.22）式为一阶条件下企业 i、政府部门关于选择产量策略、单位产量治污水平策略的最优反应函数。因此 q_i^{**}、γ_i^{**}（$i=1, 2, \cdots, n$）是动态博弈第二阶段的子博弈精炼纳什均衡。

7.4 政策动态一致性分析

作为宏观经济学的概念，政策动态一致性与微观经济学的概念子博弈精炼纳什均衡相对应。即政府部门制定的政策不仅在前期的制定阶段是最优的，而且在后期的执行阶段同样保持最优。现实生活中，如果政策只能保证在最初的制定阶段最优，无法继续保证在执行阶段仍是最优，那么政策则不具有动态一致性。

命题1：政府部门具有信用可以提高企业 i 的治污水平。即如果 $X - p_e - (\lambda + \mu - \lambda\mu)\beta > 0$ 成立，政府部门具有信用的均衡结果将优于其不具有信用的均衡结果。

证明：若满足政府部门具有信用的均衡结果将优于其不具有信用的均衡结果，有 $q_i^{*} - q_i^{**} > 0$，将（7.6）式、（7.21）式代入，得：

$$q_i^{*} - q_i^{**} = \frac{[X - p_e - (\lambda + \mu - \lambda\mu)\beta](k_i - \gamma_i)}{2b} > 0 \tag{7.23}$$

又 $k_i - \gamma_i > 0$、$2b > 0$，得：

$$X - p_e - (\lambda + \mu - \lambda\mu)\beta > 0 \tag{7.24}$$

证毕。

命题1表明，政府部门具有信用可以提高企业的治污水平。对于政府部门而言，更倾向于在公共管理中具有信用，以达到树立政府部门社会威信的目的。相应地，当政府部门具有信用，企业倾向于加大治理单位污染物的成本 X 的投入，使企业自身避免产生排污权交易成本和因超标排污造成的罚款，此时 $X - p_e - (\lambda + \mu - \lambda\mu)\beta > 0$。企业加大治污投入，不仅与政府部门环保治理政策目的相一致，同样提升了企业的社会声誉，产生巨大的无形效益。

7.4.1　平均主义政策倾向

命题2：当政府部门制定的政策具有平均主义倾向时，其政策不具有动态一致性。

证明：若政策具有平均主义倾向，有 $\alpha_i = \alpha_j$。若政策具有动态一致性，企业 i 在政府部门具有信用条件下的最优选择 q_i^*，既满足政府部门具有信用条件下的一阶最优化条件（7.11）式，也满足政府部门不具有信用条件下的一阶最优化条件（7.15）式。

将（7.6）式代入（7.15）式，得：

$$\frac{2b\alpha_i}{(k_i - \gamma_i)(M + N\gamma_i)} = \frac{2b\alpha_j}{(k_j - \gamma_j)(M + N\gamma_j)} \tag{7.25}$$

联立（7.25）式、（7.11）式，得：当且仅当 $k_i = k_j$，$\gamma_i = \gamma_j$，（7.25）式、（7.11）式同时成立，γ_i^* 满足动态一致性要求。

k_i 表示企业 i 单位产量的排污水平，现实生活中无法满足 $k_i = k_j$，得 γ_i^* 不具有动态一致性，此时（q_i^{**}，γ_i^{**}）为子博弈精炼纳什均衡解，γ_i^{**} 具有动态一致性。

证毕。

命题2表明，如果政府部门通过制定相关规定，限制其对政策进行随意修改，可使得 γ_i^* 具有动态一致性，政府部门相应地获得更大的社会效益、环境效益。但实际上，当政府部门制定具有平均主义倾向的政策时，对每个企业对环境的损害具有相同的限定要求，这与现实不相符，也不合理。同时这也挫伤一些具有较好治污水平的企业的积极性，导致治污水平良好的企业选择逐步降低治污投入，这与政府部门的目的相违背。

7.4.2 非平均主义政策倾向

命题3：当政府部门制定的政策具有非平均主义倾向时，其政策具有动态一致性。

证明：若政策具有非平均主义倾向，有 $\alpha_i \neq \alpha_j$。若政策具有动态一致性，企业 i 在政府部门具有信用条件下的最优选择 q_i^*，既满足政府部门具有信用条件下的一阶最优化条件（7.11）式，也满足政府部门不具有信用条件下的一阶最优化条件（7.25）式。

联立（7.25）式、（7.11）式，得：

$$\gamma_i = \gamma_j \tag{7.26}$$

$$\frac{\alpha_i}{k_i - \gamma_i} = \frac{\alpha_j}{k_j - \gamma_j} \tag{7.27}$$

$$4b\alpha_i + \psi(2\gamma_i - k_i)(M + N\gamma_i) = 4b\alpha_j + \psi(2\gamma_j - k_j)(M + N\gamma_j) \tag{7.28}$$

当且仅当（7.26）式、（7.27）式、（7.28）式同时成立，γ_i^* 满足动态一致性要求。

证毕。

命题3表明，由（7.26）式可得，政府部门对所有企业制定相同的单位产量治污水平 γ_i 是科学合理的。这也解释了当前大多数政策的制定均以按比例为标准，而非以总量为标准的原因。由（7.27）式、（7.28）式可得，单位产量排污水平 k_i 和权系数 α_i 具有相同的单调性。当单位产量排污水平增大时，权系数也相应增加，即对于产生越多污染物的企业，政府部门规定其对环境损害的限定要求越高。

7.5 非平均主义政策倾向下治污投入算例分析

假设8：单位产量治污水平 γ_i 与投入的环保治污设备技术费用 t_i，是环保治污设备技术费用 t 的递增函数，且具有边际递减效应，即 $\gamma_i = m - \frac{s}{t_i}$。其中，$m$、$s$ 为常数，$t_i \geqslant \frac{s}{m}$（$\frac{s}{m}$为企业 i 投入的环保治污设备技术费用最小值），且当 $t_i \to +\infty$时，$\lim\limits_{t_i \to +\infty} \gamma_i = m$。

命题4：当政府部门具有信用，且制定具有非平均主义倾向的政策时，企业 i 投入的环保治污设备技术费用是排污权交易价格、单位超标罚金、非法排污行为被政府部门查处或被社会公众监督举报概率的递减函数。

证明：上述命题1、3 表明，政府部门具有信用可以提高企业 i 的治污水平；当政府部门制定的政策具有非平均主义倾向时，其政策具有动态一致性。将 $M = (a - b\sum\limits_{k \neq i} q_k - C_1) - [(\lambda + \mu - \lambda\mu)\beta + p_e]k_i$，$N = (\lambda + \mu - \lambda\mu)\beta + p_e - X$代入（7.6）式，得：

$$q_i^* = \frac{(a - b\sum\limits_{k \neq i} q_k - C_1) - [p_e + (\lambda + \mu - \lambda\mu)\beta]k_i + [p_e + (\lambda + \mu - \lambda\mu)\beta - X]\gamma_i}{2b} \tag{7.29}$$

把（7.29）式代入 $\gamma_i = m - \frac{s}{t_i}$，得：

$$t_i^* = \frac{s}{m - \frac{2bq_i^* - (a - b\sum_{k \neq i} q_k - C_1) + [p_e + (\lambda + \mu - \lambda\mu)\beta]k_i}{p_e + (\lambda + \mu - \lambda\mu)\beta - X}} \tag{7.30}$$

7.5.1 参数设定

目前，江苏省工业园区较为集中，其中污染型企业的数量约占全国企业总量的20%，且企业具有分布集中、数量多、涉及多种产业、规模层次多样化的特点。因此，本章主要针对江苏省某一工业园区污染型企业进行实地调研，了解企业治污投入和排污权交易政策的实际问题，获得与研究有关的数据并进行分析。

通过调研活动可知，2014—2016 年工业园区污染型企业生产、排污水平和治污投入情况如表 7 – 1 所示。政府部门制定的相关排污权交易政策如表 7 – 2所示。同时依据具有信用的政府部门和企业 i 的实际决策行为，对具有政策动态一致性的博弈模型进行参数设定，如表 7 – 3 所示。

表 7 – 1　2014—2016 年污染型企业生产、排污水平和治污投入情况

年份	2014	2015	2016
产量/万吨	750 ~ 820	860 ~ 920	960 ~ 1 100
单位产量排污水平	0. 68 ~ 0. 62	0. 61 ~ 0. 56	0. 53 ~ 0. 42
单位治污成本/万元	870 ~ 910	810 ~ 980	730 ~ 820

表 7 – 2　政府部门制定的相关排污权交易政策

污染物	二氧化硫	氨氮	化学需氧量
排污权交易价格/万吨	180	260	330
单位超标罚金/万吨	2 000	3 200	3 600

表 7－3 参数设定

参数	a	b	C_1	$\sum_{k\neq i} q_k$	q_i	k_i	X
取值	6 000	0.5	200	10 000	1 000	0.5	800
参数	m	s	p_e	β	λ	μ	
取值	3	30	300	3 000	0.8	0.5	

根据政府部门对企业制定的实际环保政策，以及政府部门较强的执行能力与社会公众有限的参与程度，分别对单位排污权交易价格 p_e，非法排污行为被政府部门查处或被社会公众监督举报的概率 λ、μ，单位超标罚金 β 赋值。根据企业实际中较强的生产水平与有限的治污能力，以及对环保的重视程度，分别对生产参数 a、b、$\sum_{k\neq i} q_k$、生产量 q_i、单位产量的可变成本 C_1、单位产量排污水平 k_i、治理单位污染物的成本 X 以及治污参数 m、s 赋值。

根据（7.30）式，得到具有信用的政府部门制定非平均主义倾向的政策时，企业 i 投入的环保治污设备技术费用 $t_i^* = 13.46$。

7.5.2 模拟及分析

下面分析企业 i 投入的环保治污设备技术费用 t 的影响因素。

依次保持其他自变量不变，分别作单位排污权交易价格 p_e、单位超标罚金 β、非法排污行为被政府部门查处或被社会公众监督举报的概率 λ、μ 关于环保治污设备技术费用 t 的函数图像，如图 7－1 所示。

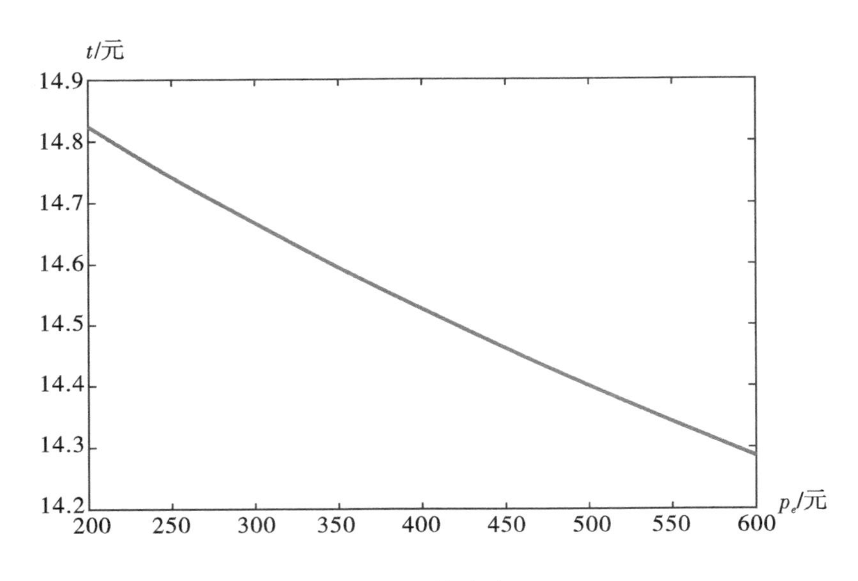

p_e 和 t 的关系

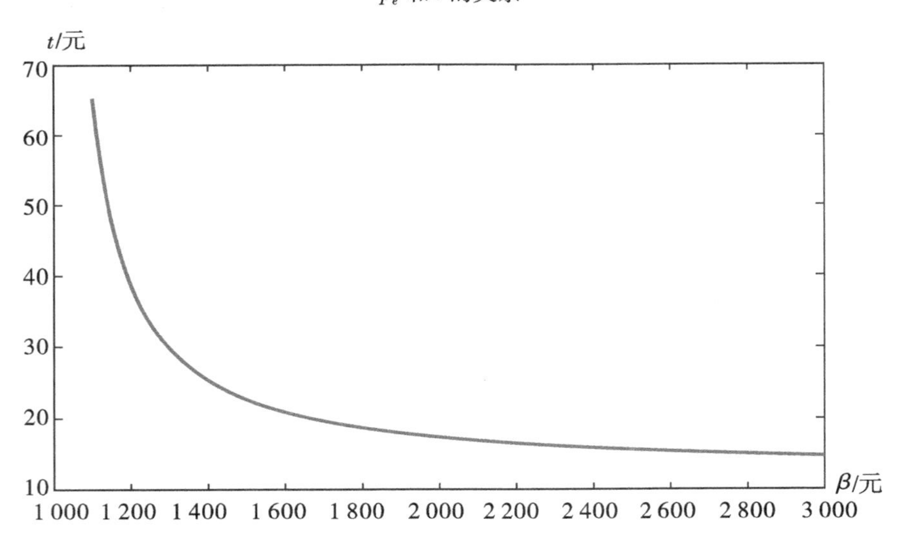

β 和 t 的关系

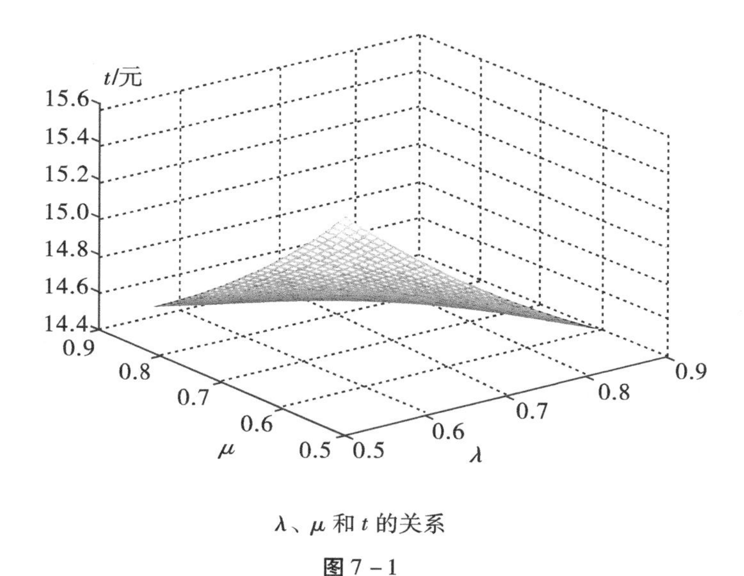

λ、μ 和 t 的关系

图 7－1

分析各个因变量的敏感性，即比较不同因变量在相同变化量下自变量的相对变化量，对于环保治污设备技术费用 t 而言，单位超标罚金 β 的敏感性系数较高。

由上述模拟结果可知，命题 4 证毕。

命题 4 表明，当政府部门具有信用，且制定具有动态一致性的环保政策时，企业认为政府部门不会在政策执行期间再次修改政策。此时，政府部门和企业均具有最优策略，政府部门无须通过再次调整以提高排污权交易价格、单位超标罚金、非法排污行为被政府部门查处或被社会公众监督举报的概率，形成外部压力促使企业加大治污投入提高自身治污水平。企业只需根据自身产污情况，选择与自身条件相匹配的治污投入，既能满足环保要求，又避免了非法排污行为被查处所带来的经济损失，树立了良好的社会声誉。同时，政府部门也避免了因政策制定变化带来的人力、财力、物力的二次消耗，在获得最优社会效益的同时，节约了财政成本。

7.6 政策建议

通过上述分析结果，本章对排污权交易制度治理提出以下几点建议：

（1）政府部门在制定环保政策时需要考虑信用问题，以树立社会威信，并促使企业加大单位治污成本的投入。

（2）政府部门制定的政策需具有非平均主义倾向，可以避免挫伤具有较好治污水平的企业的积极性。且制定的政策需以按比例为标准，并对产生较多污染物的企业提高环境损害限定要求。

（3）当政府部门具有信用，且制定具有动态一致性的环保政策时，政府部门无须再次修改政策形成外部压力促使企业加大治污投入。企业选择一定的治污投入，满足环保要求，树立社会声誉。政府部门避免人力、财力、物力的二次消耗，节约了财政成本。

本章小结

本章基于 Stackelberg 博弈模型，研究排污权交易市场背景下，博弈双方企业产量的确定、政府部门规定单位产量治污水平的决策问题，引入非法排污行为被政府部门查处或被社会公众监督举报的概率，构建一种以控制排污总量为标准的治理模型。分析博弈双方两种不同行动顺序下的最优反应函数，以及平均主义倾向和非平均主义倾向条件下政策的动态一致性，重新定位企业的经济效益、政府部门的社会效益和环境效益，全面权衡环保治污设备技术费用投入与社会效益的关系。研究表明，政府部门具有信用可以提高企业的治污水平；当政府部门制定的政策具有非平均主义倾向时，其政策具有动态一致性，且企业投入的环保治污设备技术费用是排污权交易价格、单位超标罚金、非法排污行为被政府部门查处或被社会公众举报概率的递减函数。

本章的结论可以看作对当下提高企业非法排污问题制度治理合理性与有效性的一种思考，同时也提供了有关我国自然生态环境保护政策现状中以排污权交易市场为工具的污染治理模型的参考。

此外，污染型企业在实际生产和运作过程中，其产生的废水、废气和固体废弃物的种类、数量、浓度等，具有较为明显的行业特征，且与污染型企业所处的地域有很大的关系。所以，企业某些具体问题可以其所在行业特点、地域特征为出发点，作有针对性的分析与研究。例如，排污问题中政府部门对非法排污企业征收的罚款，其制定的依据可以在不同行业、地域中有所区分。经济较发达地区的高污染性行业、高利润企业或污染型企业，其非法排污行为缴纳的罚款是否可相应地有所提高，值得进一步分析和讨论。

8　长三角城市群跨域调控路径与区域生态价值共创机制研究构想

8.1　引言

8.1.1　研究背景

（1）面对有限的资源环境，实现社会可持续发展是每个学科专业的责任。从世界环境与发展委员会发表的《我们共同的未来》，到我国政府编制的《中国21世纪人口·资源·环境与发展白皮书》，可持续发展已经成为人类社会在有限的资源环境中获取长足进步发展的主要方式和重要保证。[①]

对社会可持续发展问题的研究不再简单地局限于生态学、能源与产业、绿色经济等学科领域，而是多元学科与广泛领域的交叉研究。地球科学将从人口、经济、区域、环境等多个层次对可持续发展进行系统的深入研究。

（2）城市群作为人类社会与资源环境联系的重要区域，研究其可持续发展具有重大意义。目前，全球正在经历第三次城市化运动，2012年我国城镇人口总数首次超过农业人口，城市化比例首次突破50%。[②] 特别是中心城市、城市群的发展标志着中国城市化进程的高速起飞。

城市尤其是城市群聚合式的飞速发展势必消耗大量的环境资源，产生巨大

---

① 陈黎明，王文平，王斌．环境管制引致的环境技术创新及其偏向性［J］．管理工程学报，2018，32（1）：186－195．

② 陈健鹏，高世楫，李佐军．“十三五”时期中国环境监管体制改革的形势、目标与若干建议［J］．中国人口（资源与环境），2016，26（11）：1－9．

的环境压力。为应对来自资源环境方面的严峻挑战，城市群已成为可持续发展研究的重要前沿领域。[①] 构建生态宜居的城市群空间形态，实现其与资源环境的和谐发展，是新型城市化发展的必由之路。

（3）探寻长三角城市群空间增长的资源环境响应机制与跨域调控路径，是其不断开发拓展并实现可持续发展的重要举措。作为一种具体的物质形态，空间形态是城市群的基本属性。[②] 城市群本身的开发拓展将引起其空间形态的快速增长与变化，并进一步影响资源的消耗和污染物的排放。

长三角城市群是中国城镇化基础最好的地区之一，也是我国经济社会发展的重要引擎。分析其城市群空间结构特征对资源环境的影响，研究空间增长的资源环境响应演变规律及耦合关系，确定跨域调控路径；分析长三角城市群产业结构特征对资源环境的影响，研究不同管理政策下长三角城市群环境风险传递网络影响效用，构建长三角城市群区域生态价值共创机制，是实现长三角城市群可持续发展，将其建设成为引领全国的世界级城市群的重要举措。

8.1.2 研究意义

1. 理论意义

完善长三角城市群空间增长与资源环境响应的演变机制、空间开发强度；完善长三角城市群空间增长与资源环境的耦合关系、生态位态势演变机制理论及跨域调控路径机制；完善长三角城市群产业空间增长与资源环境响应规律、环境风险传递网络与区域生态价值共创机制。

英国城市规划专家 Peter Hall 教授将城市规划理论的发展划分为三个阶段，即物质规划阶段，科学化、定量化、模拟化阶段，关注全球环境问题阶段。[③] 在经历过前两个阶段之后，为充分应对日益严重的全球资源环境问题，城市规

---

① WANG J. The economic impact of special economic zones: evidence from Chinese municipalities [J]. Journal of development economics, 2013 (101): 133 - 147.

② ZHENG X Q, GENG B, WU X. Performance evaluation of industrial land policy in China [J]. Sustainability, 2014, 6 (8): 4823 - 4838.

③ JUNG C H, JEONG S H. Effects of service characteristics on interlocal cooperation in US cities: a pooled regression analysis [J]. International journal of public administration, 2013, 36 (5): 367 - 380.

划理论已经进入第三个阶段。传统的城市规划理论侧重于关注城市群空间形态与社会经济、地理环境之间的相互作用，缺乏以资源环境为约束条件对城市群空间结构和形态发展的研究，因而现阶段无法积极有效应对以经济发展为导向的城市群的空间扩张及其资源环境负荷的加剧。

现阶段，经济进步、城市发展与人口、资源、环境的相互影响作用是城市地理学面临的重要科学问题。基于“人地关系地域系统”，需要将城市群空间形态结构的基础理论逐步延伸至城市群与资源环境的作用和反馈机制研究，探寻中心城市和城市群的公众健康、环境和谐的可持续发展规律。[①]

在城市群发展理论发生转变的新时期，亟待逐步建立和完善适应全球环境变化的城市群空间增长理论。通过构建“结构—过程—格局—机制”的研究思路，逐渐将城市群的研究方向由空间结构过渡到空间过程及其机制的探讨，达到城市群节能、减排、低碳的可持续发展目的。

因此，选取中国经济最发达、城镇集聚程度最高的城市化地区——长三角城市群作为主要研究对象，将“长三角城市群跨域调控路径与区域生态价值共创机制研究”作为探索城市群空间增长理论、城市群与资源环境相互反馈机制的重要突破口。测度资源环境压力，分析长三角城市群空间结构特征对资源环境的影响；引入评价指数并构建测度模型，研究长三角城市群空间增长的资源环境响应演变规律，确定空间开发强度与资源环境的耦合关系；探求长三角城市群生态位态势演变机制，确定跨域调控路径。同时，进行城市群产业代谢过程及网络结构演化模拟，分析长三角城市群产业结构特征对资源环境的影响；测度城市群内部环境风险传递与经济规模、污染转移量的关联关系，研究不同管理政策下长三角城市群环境风险传递网络影响效用；基于环境性能评价进行空间管治与结构优化，探求城市群生态位态势演变机制，确定跨域调控路径，构建长三角城市群区域生态价值共创机制，最终实现长三角城市群的可持续发展。

---

① YOSHIFUMI K，ADACHI K. A framework for estimating willingness-to-pay to avoid endogenous environmental risks [J]. Resource and energy economics，2011，33 (1)：130 – 154.

2. 现实意义

缓解长三角城市群空间增长的资源环境压力，为长三角城市群进行跨域调控提供参考性方法和建议。

目前，我国正处于全球第三次城市化运动的浪潮中。2012 年《中国社会蓝皮书》显示，中国城镇人口占总人口的比重首次超过 50%，标志着中国城市化占比首次突破 50%。[①] 伴随着由以农业为主的传统型社会向以工业和服务业等非农产业为主的现代城市型社会的逐渐转变，中心城市及其城市群的发展预示着中国城市化进程的高速发展。

在已经成熟或正在发展的城市群中，依托上海为中心的长三角城市群，以占全国 2% 的国土面积和 11% 的人口为国家贡献了近 20% 的国民生产总值。[②] 作为中国“一带一路”与长江经济带的重要交汇区域，长三角城市群是我国经济社会发展的重要引擎，是国家参与国际竞争的重要平台，在现代化建设大局和全方位开放格局中具有举足轻重的战略地位。

城市尤其是城市群聚合式的飞速发展势必消耗大量的环境资源，产生巨大的环境压力。城市群成为环境问题集中激化的敏感地区，集中全国 3/4 经济总量的中国城市群，同样集中了全国 3/4 的污染产出。《中国环境状况公报》显示[③]，长三角城市群有 25 个城市的空气质量达标天数比例为 60% ~90%，平均仅为 72%，平均超标天数比例为 28%。超标天数中以 PM2.5 为首要污染物，其次是 O_3 和 NO_2。淮河流域主要支流Ⅳ类至Ⅴ类和劣Ⅴ类水质的断面比例分别为 42.9% 和 19%。巢湖湖体平均水质为Ⅳ类，轻度污染，呈轻度富营养状态。太湖总体为Ⅲ类水，占比 70%。同时，2010 年区域耕地总量首度降至 $1\times10^5km^2$ 以下，分别较 1990 年、2000 年减少 12%、8.5%，流失量高达 8 668km^2，其中 8 456km^2 转为建设用地。化肥农药与工业有害物质的超标排

① 潘丹榕，罗峰．问题与对策：国际环境治理的制度分析［J］．世界经济与政治，2000（10）：58 -64.

② 陈健鹏，高世楫，李佐军．“十三五”时期中国环境监管体制改革的形势、目标与若干建议［J］．中国人口（资源与环境），2016，26（11）：1 -9.

③ 蒋金亮，周亮，吴文佳，等．长江沿岸中心城市土地扩张时空演化特征：以宁汉渝 3 市为例［J］．长江流域资源与环境，2015，24（9）：1528 -1536.

放，导致土壤污染严重，重金属物质含量时有检出。可见随着城市群空间的不断扩张，长三角城市群环境污染状况由局地污染逐渐演变为区域性、复合型污染。

当前我国正处于城市化快速发展阶段，人口集聚、经济增长、建设用地扩张等社会经济行为不断加速，长三角城市群未来的开发拓展势必引起空间形态的快速增长与变化，并进一步影响资源的消耗和污染物的排放。

为应对来自资源环境方面的严峻挑战，城市群空间增长的资源环境响应问题已成为可持续发展研究的重要前沿领域。2016 年《长江三角洲城市群发展规划》提出将长三角城市群建设成为面向全球、辐射亚太、引领全国的世界级城市群，并着重强调以生态保护为发展提供新支撑，实施生态建设与修复工程，深化大气、土壤和水污染跨区域联防联治。[①] 因此，构建生态宜居的城市群空间形态，实现其与资源环境的和谐发展，是长三角城市群新型城市化发展的必由之路。分析其城市群空间结构特征对资源环境的影响，研究空间增长的资源环境响应演变规律及耦合关系，探求长三角城市群生态位态势演变机制，确定跨域调控路径；分析长三角城市群产业结构特征对资源环境的影响，研究不同管理政策下长三角城市群环境风险传递网络影响效用，构建长三角城市群区域生态价值共创机制，是实现长三角城市群可持续发展，将其建设成为世界级城市群的重要举措，从而有效缓解长三角城市群空间增长的资源环境压力，并为长三角城市群进行跨域调控提供参考性方法。

8.2 研究综述

8.2.1 国内外相关研究

目前，国内外学者关于城市群空间增长理论、城市群与资源环境相互反馈

① 陈健鹏，高世楫，李佐军．“十三五”时期中国环境监管体制改革的形势、目标与若干建议[J]．中国人口（资源与环境），2016，26（11）：1－9.

机制[①]的研究主要集中在以下方面：

1. 城市群空间增长测度研究

城市群空间是指在各种活动要素、载体及其相互作用的影响或制约下，各个城市空间分布格局的运动过程。[②] 关于城市群空间增长的度量可以从多种角度进行。Jung 等人（2013）侧重从集聚度、中心度、核心度三个维度设计城市群空间增长指数。[③] Yoshifumi 等人（2011）主要从人口迁移、用地增长、公共空间方面对城市群空间变化作出定性评价。[④]

20 世纪 60 年代，城市群空间增长模型主要是基于经济、社会、交通、地理等规律的线性或非线性规划的最优解、均衡解。[⑤] 20 世纪 90 年代，城市群空间增长模型的研究已由传统的静态模型向动态模型转变，且以离散型动态模型为主。[⑥] Qin 等人（2015）构建的由城市斑块组成的柏林城市群空间动力学模型，用现有城市斑块的发展和新建城区斑块的产生，模拟预测城市群的空间增长。[⑦] Tan 等人（2014）运用空间相互作用的潜力模型，通过对法国城区初始状态的研究预测城市未来发展路径。[⑧] Jiang 等人（2013）使用紧凑、边缘或节点、廊道对城市群空间形态变化模式进行模拟。[⑨] Xu 等人（2009）通过分

---

① WANG J. The economic impact of special economic zones：evidence from Chinese municipalities [J]. Journal of development economics，2013 (101)：133 - 147.

② ZHENG X Q，GENG B，WU X. Performance evaluation of industrial land policy in China [J]. Sustainability，2014，6 (8)：4823 - 4838.

③ JUNG C H，JEONG S H. Effects of service characteristics on interlocal cooperation in US cities：a pooled regression analysis [J]. International journal of public administration，2013，36 (5)：367 - 380.

④ YOSHIFUMI K，ADACHI K. A framework for estimating willingness-to-pay to avoid endogenous environmental risks [J]. Resource and energy economics，2011，33 (1)：130 - 154.

⑤ 陈黎明，王文平，王斌．环境管制引致的环境技术创新及其偏向性［J］．管理工程学报，2018，32 (1)：186 - 195.

⑥ 陈健鹏，高世楫，李佐军．欧美日中大气污染治理历史进程比较及其启示［R］．北京：国务院发展研究中心，2013：1 - 24.

⑦ QIN B T，SHOGRENJ F. Social norms，regulation，and environmental risk [J]. Economics letters，2015，129 (C)：22 - 24.

⑧ TAN P Y，HAMIDA R B A. Urban ecological research in Singapore and its relevance to the advancement of urban ecology and sustainability [J]. Landscape and urban planning，2014 (125)：271 - 289.

⑨ JIANG L，DENG X Z. The impact of urban expansion on agricultural land use intensity in China [J]. Land use policy，2013 (35)：33 - 39.

析美国城市群土地面积相对于人口增减的耗用情况，研究城市群空间增长。[①]

2. 城市群空间形态拓展的影响因素、演变驱动力及其机制研究

城市群空间形态拓展的实质是其在内外发展动力双重影响下的空间位移变化。[②] 通过分析可将城市群拓展的影响因素归纳为以下七个方面[③]：历史发展、地理环境、交通条件、经济与科技进步、社会文化、城市规模与结构、政策规划，并重点关注经济、社会、政策对城市群拓展的作用。

城市群空间形态演变的驱动力，本质上是自身形态不断与外在要求相适应的过程。[④] 在分析空间演变驱动力如何改变城市群形态的基础上，可将城市群空间形态演变的过程视作按多个阶段逐步进化的动态连续过程。薛俊菲等人在研究世界大多数著名的城市群时发现，在城市化、交通技术、产业结构、政策导向等多种驱动条件下，其空间演变依次经历了雏形期、发育期、成长期、成熟期四个不同的阶段。[⑤]

3. 城市群空间扩张的资源环境响应研究

（1）城市群空间结构对资源环境的影响。城市群空间结构是容纳人口社会活动及其相互作用的土地、交通、能源等城市基础设施物理结构及其形态的综合。[⑥] 研究表明，城市群空间结构对资源环境具有一定的影响作用，并直接决定其未来能否实现可持续发展。Wang 等人（2015）研究发现城市群密度和人均能耗之间呈负相关，城市群密度越低则人均能耗越高，而密度较高的城市

---

① XU L Y, LIU G Y. The study of a method of regional environmental risk assessment [J]. Journal of environmental management, 2009, 90 (11): 3290 – 3296.

② 陈健鹏，高世楫，李佐军．“十三五”时期中国环境监管体制改革的形势、目标与若干建议［J］．中国人口（资源与环境），2016，26（11）：1 – 9.

③ 杨朝均，呼若青，冯志军．环境规制政策、环境执法与工业绿色创新能力提升［J］．软科学，2018，32（1）：11 – 15.

④ 陈燕丽，杨语晨，杜栋．基于云模型的省域生态环境绩效评价研究［J］．软科学，2018，32（1）：100 – 108.

⑤ 陈真玲，王文举．环境税制下政府与污染企业演化博弈分析［J］．管理评论，2017，29（5）：226 – 236.

⑥ 吴沅箐，殷玮．上海近远郊地区建设用地减量化差异探析［J］．上海国土资源，2015（4）：43 – 46.

群能够依靠成熟的基础设施，有效地降低人均能耗。[①] Micklethwait（2014）通过对城市群空间结构理想状态下环境污染的模拟研究，认为环境质量是城市群规划评价的重要指标，且功能复合的紧凑型城市群相较于分散型、网络型城市群对资源环境的影响较小。[②] 王欢明等人（2017）着重分析了中国城市群空间结构重构与可持续发展的影响因素。[③] 周艳等人（2016）深入研究城市群空间结构对环境影响评价的具体实践方法，并明确建立了城市群空间结构评价指标体系。[④]

（2）城市群空间发展与资源环境的协调作用。Cheng 等人（2015）广泛应用“环境库兹涅茨曲线”理论解决城市化问题。[⑤] Stranlund 等人（2014）探讨城市群可持续发展与资源环境容量的问题。[⑥] Liu 等人（2013）研究资源环境对城市化及经济发展的束缚作用。[⑦] 蒋金亮等人（2015）研究城市群经济与环境的关系，构建协调度模型。[⑧] 姜海等人（2013）分析城市群对资源环境的胁迫作用和资源环境对城市群的约束作用，确定城市化与生态耦合的系统评价体系，并构建二者交互的关联度模型。[⑨]

---

① WANG H，WANG B，ZHAO Q. Antibiotic body burden of Chinese school children：a multisite biomonitoring-based study [J]. Environmental science & technology，2015，49（8）：5070－5079.

② MICKLETHWAIT J . The fourth revolution：the global race to reinvent the state [M]. New York：The Penguin Press，2014 .

③ 王欢明，陈洋愉，李鹏．基于演化博弈理论的雾霾治理中政府环境规制策略研究［J］．环境科学研究，2017（4）：621－627.

④ 周艳，黄贤金，徐国良，等．长三角城市土地扩张与人口增长耦合态势及其驱动机制［J］．地理研究，2016，35（2）：313－324.

⑤ CHENG L，JIANG P H，CHEN W. Farmland protection policies and rapid urbanization in China：a case study for changzhou city [J]. Land use policy，2015（48）：552－566.

⑥ STRANLUND J K，MOFFITT L J. Enforcement and price controls in emissions trading [J]. Journal of environmental economics and management，2014，67（1）：20－38.

⑦ LIU F，KLIMONT Z，ZHANG Q. Integrating mitigation of air pollutants and greenhouse gases in Chinese cities：development of GAINS-city model for Beijing [J]. Journal of cleaner production，2013，（58）：25－33.

⑧ 蒋金亮，周亮，吴文佳，等．长江沿岸中心城市土地扩张时空演化特征：以宁汉渝 3 市为例［J］．长江流域资源与环境，2015，24（9）：1528－1536.

⑨ 姜海，王博，李成瑞，等．近十年中国建设用地扩张空间特征：基于与固定资本和二三产业就业人数的比较分析［J］．中国土地科学，2013，27（5）：63－70.

（3）城市群空间扩张与资源环境的相互作用。该研究方向主要包括三个层次[①]，一是从城市群发展适宜度、自然资源与区位定位、湖泊效应、水资源约束、土地利用与生态评价以及协调发展模式等视角讨论城市群空间发展、分布与自然资源环境的相互作用，明确城市群发展与资源环境演化的互动关系。二是从气候变化、环境绩效、能源消耗等角度深入探讨城市群空间扩张的资源环境效应问题，提出城市化发展建设建议，以及城市群经济增长对能源消耗和生态环境压力具有重要影响。三是通过构建相关模型重点讨论城市群空间扩张与资源环境的模拟问题，研究模拟技术方法在分析城市群发展对资源环境影响方面的应用。

4. 环境风险管控研究

（1）城市环境脆弱性识别。脆弱性研究分为城市外部和城市内部脆弱性研究[②]，其中外部脆弱性主要探讨城市对外界环境变化的应对能力，内部脆弱性主要分析城市子系统如生态系统、经济系统、社会系统等的脆弱性。

其形成的分析框架包括从城市经济、工程建设角度建立的风险—灾害分析框架，从灾害学角度建立的压力释放分析框架，以及从地理学角度建立的地方灾害脆弱性分析框架。相应的测量指标体系集中在城市生态环境脆弱性、城市经济社会脆弱性方面[③]；计算方法涉及线性加权求和法、函数模型法、集对分析法、数据包络分析法、GIS 图层叠加法等[④]。

（2）企业、工业园区、综合区域的环境风险评价方法。环境风险评价方

---

① RONZA A，LÁZARO－TOUZA L，CAROL S，et al. Economic valuation of damages originated by major accidents in port areas ［J］. Journal of loss prevention in the process industries，2009，22（5）：639－648.

② CHEN C，LIU G，MENG F，et al. Energy consumption and carbon footprint accounting of urban and rural residents in Beijing through consumer lifestyle approach ［J］. Ecological indicators，2019（98）：575－586.

③ 祁毓，陈建伟，李万新，等. 生态环境治理、经济发展与公共服务供给：来自国家重点生态功能区及其转移支付的准实验证据 ［J］. 管理世界，2019，35（1）：115－134.

④ 姚洪心，吴伊婷. 绿色补贴、技术溢出与生态倾销 ［J］. 管理科学学报，2018，21（10）：47－60.

法主要包括综合评价法、信息扩散法和逻辑分析法等。① 其中，信息扩散法针对实际评价中出现的信息不对称问题，通过集值化模糊数学样本、模糊信息优化处理；逻辑分析法应用层次分析和故障树等方法，分析事故源项中各风险因素的相对大小，描述事故发生原因及其逻辑关系。

Xu 等人（2009）通过风险区划理论探索环境风险分布的相似性和差异性，确定环境风险管理的优先级序。② 薛鹏丽等人（2011）从环境风险受体敏感性和适应性方面构建脆弱性概念模型与模糊评价指标体系。③ 申海玲（1995）运用逻辑分析法提出环境风险评价的程序。④

（3）突发性城市环境事件的应急管理。我国城市环境应急管理制度已取得较大进展，对事前、事中、事后突发环境事件建立管理办法和技术导则，但在应急管理机构设置、重点行业环境风险检查、信息报送和公开等方面仍存在不足。⑤

Wang 等人（2015）对突发性环境应急管理进行理论探讨和技术方法验证。⑥ 李丹（2016）开发应用环境风险决策支持系统，针对环境风险问题进行模拟仿真，设计应急预案体系。⑦ Qin 等人（2015）认为企业面对环境风险的治理努力程度受内源性社会规范制约。⑧

---

① 刘巍，田金平，李星，等．基于 DEA 的中国综合类生态工业园生态效率评价方法研究［J］．中国人口（资源与环境），2012，22（5）：93－97．

② XU L Y，LIU G Y. The study of a method of regional environmental risk assessment［J］．Journal of environmental management，2009，90（11）：3290－3296．

③ 薛鹏丽，曾维华．上海市突发环境污染事故风险区［J］．中国环境科学，2011（10）：1743－1750．

④ 申海玲，程声通．环境风险评价方法探讨［J］．上海环境科学，1995，14（1）：35－36．

⑤ 潘丹榕，罗峰．问题与对策：国际环境治理的制度分析［J］．世界经济与政治，2000（10）：58－64．

⑥ WANG H，WANG B，ZHAO Q. Antibiotic body burden of Chinese school children：a multisite biomonitoring-based study［J］．Environmental science & technology，2015，49（8）：5070－5079．

⑦ 李丹．突发环境事件应对立法问题研究［J］．江苏大学学报（社会科学版），2016，18（5）：32－39．

⑧ QIN B T，SHOGREN J F. Social norms，regulation，and environmental risk［J］．Economics letters，2015，129（C）：22－24．

5. 价值共创与区域协调发展

（1）城市多要素耦合理论。城市是由社会、经济、自然三类异质性的系统耦合而成的复合生态系统。为实现资源的有效利用，需对系统进行整体管理，避免忽略不同资源的相互依存性。[①]

耦合理论的应用包括三种情况[②]：一是物理量间的耦合，即流量—存量的相互链接，由城市代谢模式和特征决定生物物理流量之间的关联关系。二是政策间的耦合，即政策—政策的相互影响，考虑管理体系中的安全性及潜在环境风险，充分利用政策协同性，避免矛盾性。三是学术方法间的耦合，即方法—方法的相互融合，有效解决模拟的复杂性问题。

（2）价值共创行为与感知。价值共创在早期阶段侧重于概念和定性研究，近年关注定量研究，包括共创行为和价值感知。[③] 在测量指标方面，共创行为涉及心理参与和身体参与、感知参与和实际参与等。感知体验价值涵盖经济价值、社会价值、质量价值、情感价值等。Annicchiarico 等人（2015）用协作的、伙伴式的价值生产过程定义价值共创行为，具有物质性和象征性特征。[④]

6. 相关研究的技术方法

通过对相关研究的分析，国内外学者使用的研究技术和方法主要是层次分析法、系统动力学法、分形理论方法、城市空间分析法、实证研究方法、数学模型和计算机模拟方法等。[⑤]

Chauhan 等人（2017）以 GIS、CAD 系统为平台，分析城市群与环境关系

---

① LIN L，LIU G，WANG X，et al. Emergy-based provincial sustainability dynamic comparison in China [J]. Journal of environmental accounting and management，2018，6（3）：249－261.

② CHAUHAN A，SAINI R P. Size optimization and demand response of a stand-alone integrated renewable energy system [J]. Energy，2017（124）：59－73.

③ KIRKMAN H. Globalization and the environment [J]. Australasian journal of environmental management，2016，23（1）：118－119.

④ ANNICCHIARICO B，DIO F D. Environmental policy and macroeconomic dynamics in a new keynesian model [J]. Journal of environmental economics and management，2015，69（1）：1－21.

⑤ 徐震．坚持政府与公众互动，推进环境公共管理创新［J］．环境保护，2014，42（4）：69－71.

的复合框架。[①] Spiridonov 等人（2017）整合城市规划理论，对城市群的环境发展建立质量指标评价体系。[②] Pauli（2015）分别研究了城市化对地下水资源、农业用地发展的相关影响。[③] 彭星等人（2016）构建城市动态演化模型模拟城市群空间增长机理。[④] 陈昌玲等人（2016）从土地资源、生物资源、水环境等角度量化分析城市群空间与资源环境的作用机制。[⑤]

8.2.2 研究述评

国内外学者关于城市群空间增长理论、城市群与资源环境相互反馈机制的研究，从定性的概念界定到定量的指标评价，从简单的特征描述到复杂的作用机制，从单一的计量判断到多维的技术应用，从实证研究到深入的计算机模拟，其研究对象、研究方法、研究内容越来越趋于丰富和完善，提出的实践方法和参考措施也越来越具有合理性、可行性、针对性。

同时相较于国外研究，我国学者从中国实际出发，重点分析了改革开放以来快速发展的城市化进程，着重研究了城市群与资源环境之间具有国情特色的动力机制和发展规律。我国学者在该领域研究的多样性和复杂性有力扩充了城市空间形态理论，对城市规划理论的发展与创新具有重要价值。

然而目前国内外相关研究同样具有一些不足之处。

首先，从研究视角来说，目前环境管理的研究较多关注分散的工业集聚区、某一具体的生态保护区或脆弱地带，对于大型经济带，尤其是产业集中的城市群形成的经济与环境复合系统，缺少从城市群空间增长的资源环境响应角

---

① CHAUHAN A，SAINI R P. Size optimization and demand response of a stand-alone integrated renewable energy system［J］. Energy，2017（124）：59－73.

② SPIRIDONOV V，KARACOSTAS T，BAMPZELIS D. Numerical simulation of airborne cloud seeding over greece，using a convective cloud model［J］. Asia-Pacific journal of atmospheric sciences，2015，51（1）：11－27.

③ PAULI LAPPI. The welfare ranking of prices and quantities under noncompliance［J］. International tax & public finance，2015，64（1）：1－21.

④ 彭星，李斌. 不同类型环境规制下中国工业绿色转型问题研究［J］. 财经研究，2016，42（7）：134－144.

⑤ 陈昌玲，张全景，吕晓，等. 江苏省耕地占补过程的时空特征及驱动机理［J］. 经济地理，2016，36（4）：155－163.

度研究跨域调控路径，以及从产业代谢过程角度研究城市群的环境风险传递网络、区域生态价值共创机制。

其次，从研究过程来说，大部分研究侧重于单一生态环节，如影响因素的判别、环境效益成本投入、低碳理念的运用和绿色指标评价体系的建立，缺乏多维度的城市群大样本分析，或仅探讨城市群空间演变本身而较少提出优化方案。同时，缺少对各种影响因素组合条件和共同作用的综合分析，且因没有测量产业空间增长的阈值而缺少从初始状态到最终状态的全过程动态分析。

再次，从研究方法来说，对城市群空间、环境风险和跨域调控路径、生态价值的分析方法多以定性为主，缺乏多维度大样本分析、定量分析和理论模型分析，如借助 GIS 获取空间数据研究尚有不足。

鉴于目前关于区域空间发展与资源环境演化、耦合、响应关系及其驱动因素的理论研究较为缺乏，并且从区域层面定量研究城市群空间增长与资源环境水平的演化关系尚不多见。因此，本书选取中国经济最发达、城镇集聚程度最高的城市化地区——长三角城市群作为主要研究对象，将“长三角城市群跨域调控路径与区域生态价值共创机制研究”作为探索城市群空间增长理论、城市群与资源环境相互反馈机制的重要突破口。测度资源环境压力，分析长三角城市群空间结构特征对资源环境的影响；引入评价指数并构建测度模型，研究长三角城市群空间增长的资源环境响应演变规律，确定空间开发强度与资源环境的耦合关系；探求城市群生态位态势演变机制，确定跨域调控路径。同时，进行城市群产业代谢过程及网络结构演化模拟，分析长三角城市群产业结构特征对资源环境的影响；测度城市群内部环境风险传递与经济规模、污染转移量的关联关系，研究不同管理政策下长三角城市群环境风险传递网络影响效用；基于环境性能评价进行空间管治与结构优化，探求城市群生态位态势演变机制，确定跨域调控路径，构建长三角城市群区域生态价值共创机制，最终实现长三角城市群的可持续发展。

8.3　长三角城市群跨域调控路径研究框架

8.3.1　研究目标

选取环境问题集中激化的敏感地区——长三角城市群作为研究对象，以长三角城市群产业空间增长与资源环境的相互作用为主线，系统构建“空间结构特征—驱动因素—耦合关系—响应演变机制—跨域调控路径”的长三角城市群空间增长的资源环境响应机制与跨域调控路径的全过程动态研究的框架结构。拟完成以下目标：

1. 明确长三角城市群空间结构特征对资源环境的影响作用

测度长三角城市群空间增长产生的直接性和间接性资源环境压力，探寻资源环境压力的主要来源；分析城市群空间结构特征（产业结构特征和空间集聚性），确定对资源环境产生重大影响的产业形式，进行资源消耗量与污染物排放量的相关性分析。

2. 揭示长三角城市群空间增长与资源环境的演化耦合、响应关系及其驱动因素

引入长三角城市群空间增长指数、资源环境消耗指数，构建城市群空间增长与资源环境消耗脱钩状态模型、空间增长的资源环境响应程度模型、空间增长与资源环境水平耦合度模型；分析城市群空间增长对资源环境消耗的影响程度、空间增长的资源环境响应演变规律及其影响因素、空间开发强度与资源环境的耦合关系。

3. 阐述长三角城市群生态位态势演变机制，建立跨域调控路径

构建长三角城市群生态位评价指标体系与生态位测度模型，确定城市群中各城市生态位宽度的差异程度和分异指数，研究生态位态势演化机制；通过提升资源环境利用率、扩充资源环境容量，实施长三角城市群内部跨域调控，推进生态位扩充、分离、重叠的策略。

8.3.2 研究内容

1. 测度资源环境压力，分析城市群空间结构特征对资源环境的影响

（1）测度长三角城市群空间增长产生的资源环境压力。长三角城市群空间增长产生的资源环境压力主要以居民生活与生产活动为测度标准，并划分为直接性资源环境压力和间接性资源环境压力。[①] 其中，直接性资源环境压力主要由居民基本生活所产生，包括生活用水量、生活能耗、生活污染物排放量三个维度。间接性资源环境压力主要由居民生活所需的产品在社会化大生产过程中所产生，包括生产用水量、生产能耗、生产污染物排放量三个维度（生产污染物排放量主要以水污染物的化学需氧量和氨氮排放量、大气污染物的二氧化硫和氮氧化物排污量为衡量指标）。

分别测算2008—2018年城市和乡村两个条件下的直接性资源环境压力和间接性资源环境压力，并进行对比分析，探寻不同发展阶段下长三角城市群空间增长所产生的资源环境压力的主要来源。

（2）分析城市群空间结构特征对资源环境的影响。长三角城市群的空间结构特征主要包括城市群产业结构特征和城市群空间集聚性两个方面。城市群产业结构特征主要采用产业结构趋同度进行衡量，该趋同度的算法由联合国工业发展组织国际工业研究中心制定。[②] 同时结合《中国统计年鉴》关于长三角城市群主要产业产值的比重及其增减数据，分析对长三角城市群资源环境产生重大影响的产业形式和主要污染物。

城市群空间集聚性主要使用空间相对集聚度指数进行度量，且在相对集聚度指数的构建过程中选用经济、人口和用地三个要素来反映长三角城市群在空间上的分布差异。[③] 将每个城市经济、人口和用地的空间集聚度相乘得到城市

---

① 武晓利．环保技术、节能减排政策对生态环境质量的动态效应及传导机制研究：基于三部门DSGE模型的数值分析［J］．中国管理科学，2017，25（12）：88－98.

② 郭玲玲，武春友，于惊涛，等．中国绿色增长模式的动态仿真分析［J］．系统工程理论与实践，2017，37（8）：2119－2130.

③ 陈真玲，王文举．环境税制下政府与污染企业演化博弈分析［J］．管理评论，2017，29（5）：226－236.

综合集聚度指数，再利用区位商理论得出每个城市的相对集聚度指数，最后对城市群中各个城市的相对集聚度指数取平均值，即为长三角城市群的相对集聚度指数。应用SPSS软件分别在人均资源消耗量与污染物排放量（人均用水量、人均供电量、人均化学需氧量和二氧化硫）、地均资源消耗量与污染物排放量（地均用水量、地均供电量、地均化学需氧量和二氧化硫）、单位GDP资源消耗量与污染物排放量（单位GDP用水量、单位GDP供水量、单位GDP化学需氧量和二氧化硫）三个层面对城市群相对集聚度指数进行相关性分析，分析长三角城市群空间结构对资源环境的具体影响。

2. 分析城市群空间增长的资源环境响应演变规律，探究空间开发强度与资源环境的耦合关系

（1）引入评价指数，构建测度模型。首先，引入长三角城市群空间增长指数、资源环境消耗指数。城市群空间增长主要指的是人口规模、经济总量及建设用地的扩张与拓展。为评价城市群空间增长的规模与水平，引入空间增长指数I，其计算公式为：

$$I = \frac{1}{3}(UP + UG + UA) \tag{8.1}$$

其中，UP、UG、UA分别表示城市群人口总量、GDP总量、市区建成面积。

在资源消耗评价指标的选择方面，分别选用城市群耕地面积、市区供水总量、市区全年用电总量反映耕地资源、水资源、能源资源综合消耗情况。引入资源环境消耗指数C，其计算公式为：

$$C = \frac{1}{3}(UAA + UW + UYW) \tag{8.2}$$

其中，UAA、UW、UYW分别表示城市群耕地面积、市区供水量、市区全年用水量。

其次，构建长三角城市群空间增长与资源环境消耗脱钩状态模型、空间增长的资源环境响应程度模型、空间增长与资源环境水平耦合度模型。“脱钩状态”指的是具有响应关系的两个或多个物理量之间的相互关系不再存在。[①] 分析长三角城市群空间增长与资源环境的脱钩状态，主要是通过探讨二者之间的定量关系，揭示二者相互作用时的状态及程度。定义资源环境消耗的城市群空间增长弹性系数 EC，表示城市群空间增长与资源环境消耗的脱钩状态与脱钩程度。且当长三角城市群空间持续增长时，空间增长弹性系数越小，表示脱钩程度越高，城市群空间增长的资源环境消耗压力越小。空间增长弹性系数的计算公式为：

$$EC = \frac{\Delta C_T}{\Delta I_T} = \frac{C_{Tt}/C_{To} - 1}{I_{Tt}/I_{To} - 1} \tag{8.3}$$

在分析脱钩状态模型的基础上，构建长三角城市群空间增长的资源环境响应程度模型，定量研究城市群空间增长对资源环境消耗的影响程度及演变规律。定义城市群空间增长的资源环境响应程度 R，其值越大，则空间增长对资源环境消耗的影响程度越大。响应程度的计算公式为：

$$R = \frac{1}{T}\sum_{t=1}^{n}\left|\frac{\mathrm{d}C_t}{\mathrm{d}I_t} \cdot \frac{I_t}{C_t}\right| (t = 1,2,3,\cdots,n) \tag{8.4}$$

综合构建长三角城市群空间增长与资源环境水平耦合度模型，定义耦合度 H，其计算公式为：

① TIJS S H, DRIESSEN T S H. Game theory and cost allocation problems [J]. Management science, 1986, 32 (8): 1015 – 1028.

$$H = \sqrt{D \cdot E} = \sqrt{\frac{2\sqrt{I \cdot C}}{I + C} \cdot (\alpha I + \beta C)} \tag{8.5}$$

其中，D、E 分别表示城市群空间增长与资源环境水平的协调度和综合评价指数，α、β 为系数。

（2）分析城市群空间增长的资源环境响应演变规律。基于 2008—2018 年《中国统计年鉴》的数据，应用城市群空间增长指数、资源环境消耗指数的计算公式，分析长三角城市群近十年空间增长与资源环境消耗情况及其二者变化率的演变特征和发展趋势。同时，为进一步研究各个因素对空间增长指数与资源环境消耗指数的影响作用，设定工业增加值占 GDP 比重、社会固定资产投资总额增长率、能源加工转换效率、工业污染治理项目投资占 GDP 比重，分别反映长三角城市群经济发展结构、区域政策情况、技术利用水平、环保治理投入情况，并构建多元线性回归模型进行综合分析，分析影响空间增长资源环境响应变化的主要因素。

利用长三角城市群空间增长与资源环境消耗脱钩状态模型，探讨空间增长和资源环境消耗二者之间的脱钩状态与脱钩程度，判别二者的发展趋势，确定影响脱钩状态及其程度的关键因素。利用长三角城市群空间增长的资源环境响应程度模型，拟合 *RCI* 与 *UEI* 曲线，分析空间增长的资源环境响应程度的变化趋势，判断其是否与响应程度增长率的演变具有一致性，进而明确城市群空间增长对资源环境消耗的影响程度。

（3）探究空间增长与资源环境水平的耦合关系。基于 2008—2018 年《中国统计年鉴》的数据，分别测定近十年长三角城市群空间增长与资源环境水平耦合度、城市群空间增长与资源环境水平的协调度及综合评价指数，以及三者的变化发展趋势，并积极预测后期城市群空间开发的走向。

3. 分析城市群生态位态势演变机制，确定跨域调控路径

基于经济、社会、资源、环境四个层次，系统构建长三角城市群生态位评

价指标体系。[1] 以该综合评价指标体系为依据，确立包括生态位分异指数、宽度、扩充压缩度以及协调指数的生态位测度模型。通过对数据进行差异性分析和系统聚类分析处理，测算2008—2018年长三角城市群各个城市的生态位测度模型，确定城市群中各城市在经济、社会、资源、环境四个维度生态位宽度的差异程度和分异指数。通过分析长三角城市群各城市生态位的结构变化情况和相互作用关系，重点阐述四个维度条件下城市群生态位在“态”与“势”方面的演化机制。

确定长三角城市群中的核心城市、中心城市、节点城市和一般城市，明确城市层次之间的差距大小。依据生态位扩充假说，通过生态位进化和分化，即依托提升资源环境利用率、扩充资源环境容量，实施长三角城市群内部跨域调控，推进生态位扩充、分离、重叠的策略。

8.3.3 拟解决的关键科学问题

（1）城市群空间结构特征对资源环境的影响；

（2）城市群空间增长对资源环境消耗的影响程度、空间增长的资源环境响应演变规律及其影响因素、空间开发强度与资源环境的耦合关系；

（3）城市群生态位态势的演变机制及跨域调控路径的选择。

8.3.4 研究思路与方法

1. 研究思路

各个研究对象之间的相互关系及整个研究的技术路线图，如图8－1所示。

---

① 刘巍，田金平，李星，等．基于DEA的中国综合类生态工业园生态效率评价方法研究［J］．中国人口（资源与环境），2012，22（5）：93－97．

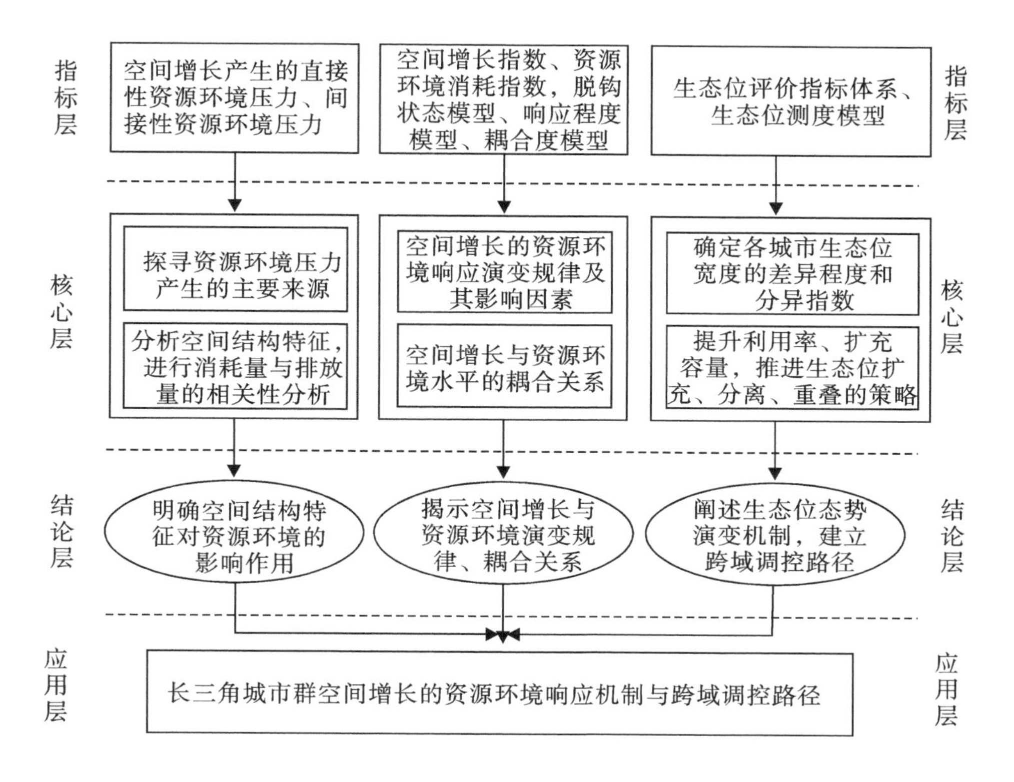

图8－1　跨域调控路径研究技术路线图

2. 研究方法

考虑到国内外相关研究具有的不足之处，如缺乏定量分析和理论模型构建、全过程动态分析较少、多维度的城市群大样本分析尚有不足，且大部分研究缺少对各种影响因素组合条件和共同作用的综合分析，或仅探讨城市群空间演变本身而较少提出优化方案。同时，鉴于目前关于区域空间发展与资源环境演化耦合、响应关系及其驱动因素的理论研究较为缺乏，且从区域层面定量研究城市群空间增长与资源环境水平的演化关系尚不多见，本章使用的关键技术主要是：

（1）多维数据的数理统计分析处理法。为确保研究中数据使用的科学性和准确性，主要使用相关性分析、差异性分析、系统聚类分析、拟合分析、多元线性回归分析等，对多维数据进行分析和处理。

（2）评价指数引入与测度模型构建法。为定量研究长三角城市群空间增长与资源环境响应之间的关系，分别引入长三角城市群空间增长指数、资源环境消耗指数，构建长三角城市群空间增长与资源环境消耗脱钩状态模型、空间增长的资源环境响应程度模型、空间增长与资源环境水平耦合度模型。

为量化分析长三角城市群生态位态势演变机制，构建长三角城市群生态位评价指标体系，建立包括生态位分异指数、宽度、扩充压缩度以及协调指数的生态位测度模型。

（3）全过程动态分析法。以长三角城市群空间增长与资源环境相互作用关系为主线，系统构建“空间结构特征—驱动因素—耦合关系—响应演变机制—跨域调控路径”的长三角城市群空间增长的资源环境响应机制与跨域调控路径的全过程动态研究的框架结构。

8.3.5 特色与创新之处

1. 特色

逐步建立和完善适应全球环境变化的城市群空间增长理论，通过“结构—过程—格局—机制”的研究思路，重点关注以资源环境为约束条件对城市群空间结构和形态发展的研究，并将城市群空间形态结构的基础理论逐步延伸至城市群与资源环境的作用和反馈机制研究，探寻中心城市和城市群的公众健康、环境和谐的可持续发展规律。

选取中国经济最发达、城镇集聚程度最高的城市化地区——长三角城市群作为主要研究对象，将“长三角城市群跨域调控路径与区域生态价值共创机制研究”作为探索城市群空间增长理论、城市群与资源环境相互反馈机制的重要突破口。测度资源环境压力，分析长三角城市群空间结构特征对资源环境的影响；引入评价指数并构建测度模型，研究长三角城市群空间增长的资源环境响应演变规律，确定空间增长与资源环境水平的耦合关系；探求长三角城市群生态位态势演变机制，确定跨域调控路径，最终实现长三角城市群的可持续发展。

2. 创新之处

（1）通过引入评价指数并构建测度模型进行定量研究。如量化研究长三角城市群空间增长与资源环境响应之间的关系，量化分析长三角城市群生态位态势演变机制。

（2）运用全过程动态分析法，以长三角城市群空间增长与资源环境相互作用关系为主线，系统构建“空间结构特征—驱动因素—耦合关系—响应演变机制—跨域调控路径”的长三角城市群空间增长的资源环境响应机制与跨域调控路径研究的框架结构。

（3）探求长三角城市群生态位态势演变机制，建立跨域调控路径，为缓解长三角城市群空间增长的资源环境压力，进行跨域调控提供参考性方法和建议，实现长三角城市群的可持续发展。

8.4　长三角城市群生态价值共创机制研究框架

8.4.1　研究目标

选取环境问题集中激化的敏感地区——长三角城市群作为研究对象，以长三角城市群产业空间增长与资源环境的相互作用为主线，系统构建“空间结构特征—产业代谢过程—环境风险传递网络—跨域调控路径—区域生态价值共创”的基于产业代谢过程的长三角城市群环境风险传递网络与区域生态价值共创机制的全过程动态研究。拟完成以下目标：

1. 长三角城市群产业结构特征对资源环境的影响

构建生态网络结构模型，将可用能流在各组分间的传递与转换，表达为不同节点之间路径连接构建的长三角城市群生态网络结构模型。确定生态网络各个路径流量。分别对五大功能体进行流量分析、效率分析和效用分析，进行城市群产业代谢过程及网络结构演化模拟，分析长三角城市群产业结构特征对资源环境的影响。

2. 不同管理政策下长三角城市群环境风险传递网络影响效用

基于 Netlogo 软件平台，从多智能体仿真的角度，建立长三角城市群内部不同城市之间的关联模型，测度环境风险传递的驱动因素，包括城市群内部环境风险传递与经济规模、污染转移量的关联关系，研究不同管理政策下长三角城市群环境风险传递网络影响效用。

3. 构建长三角城市群区域生态价值共创机制

基于环境性能评价进行空间管治与结构优化，探求城市群生态位态势演变机制。构建长三角城市群生态位评价指标体系与生态位测度模型，确定城市群中各城市生态位宽度的差异程度和分异指数，研究生态位态势演化机制；通过提升资源环境利用率，扩充资源环境容量，推进生态位扩充、分离、重叠策略，构建长三角城市群区域生态价值共创机制。

8.4.2 研究内容

1. 长三角城市群产业结构特征对资源环境的影响

（1）构建生态网络结构模型。通过生态网络构建法，将产业代谢过程中的不同组分划分为农业、工业、交通业、第三产业和家庭五大功能体[①]，并考虑来自内外部的能源、资本、商品、劳动力等投入和系统自身耗散。根据产业代谢过程中的不同功能体，将可用能流在各组分间的传递与转换，表达为不同节点之间路径连接构建的长三角城市群生态网络结构模型。

（2）产业代谢过程演化模拟与环境影响分析。在文献阅读、专家咨询和实地调研的基础上，计算不同节点的输入流量和输出流量，测度各节点与环境的能量交换数值，确定生态网络各个路径流量。分别对五大功能体进行流量分析、效率分析和效用分析。并通过结构耦合度对长三角城市群生态系统的结构强度进行分析，通过净排放量和间接排放量联合分析产业代谢过程对长三角城市群生态系统内不同功能体造成的环境负荷。

---

① 钟政林，曾光明，杨春平．环境风险评价研究综述［J］．环境与开发，1998，13（1）：39－42.

2. 不同管理政策下长三角城市群环境风险传递网络影响效用

（1）测度环境风险传递的驱动因素。基于 Netlogo 软件平台，从多智能体仿真的角度，建立长三角城市群内部不同城市之间的关联模型。[①] 以网络规模、链路强度和网络集中度为特征变量，测度经济发展规模与污染转移量的关系。设定吸收系数调整参数、污染转移调整参数、城市 GDP 水平、网络中心度、连接强度、网络规模等，比较不同经济转移阈值条件下，经济发展规模和污染转移量对网络集中度的影响程度，城市群内部城市规模对环境风险传递的影响程度，并通过误差分析对仿真结果进行验证。通过分析生产流、经济发展规模和污染转移量之间的联系，突出代理人在环境风险传递网络中的责任层次，明确管理与干预顺序。

（2）确定环境风险传递网络影响效用。考虑到实际政策制定的强度不同，将管理者制定政策的强度划分为强制性、适中性、无强制性。按污染排放总量将城市群内部城市划分为不同类型的行为主体[②]，设定少数几个环境保护能力较为脆弱且污染排放总量超过规定阈值的城市为环境风险传播者，其余城市的污染排放总量低于排放标准，属于非主动环境风险传播者。在环境风险传播者开始传播风险时，距离较近的非主动环境风险传播者，一部分转化为新的环境风险传播者却未采取措施，一部分因风险过分积聚而采取相关措施。同时，引入长三角城市群管理者对环境风险的态度、处理环境风险的能力、采取治理行为的介入时间等参数，进一步分析环境风险传递网络的影响效用。

3. 构建长三角城市群区域生态价值共创机制

（1）基于环境性能评价进行空间管治与结构优化。构建长三角城市群产业集中区域的环境性能评价指标体系[③]，选取经济贡献、环境负荷、环境风险为评价指数。其中，经济贡献包括产值贡献、就业贡献；环境负荷包括废水、

① 李胜兰，初善冰，申晨．地方政府竞争、环境规制与区域生态效率［J］．世界经济，2014（4）：88－110.

② 赵亚莉，刘友兆，龙开胜．城市土地开发强度变化的生态环境效应［J］．中国人口（资源与环境），2014，24（7）：23－29.

③ 薛俭，谢婉林，李常敏．京津冀大气污染治理省际合作博弈模型［J］．系统工程理论与实践，2014，34（3）：810－816.

废气、二氧化硫、氮氧化物、工业粉尘；环境风险包括致险因子、暴露总量、应急管理。

借鉴风险理论[①]，定义环境冲突为污染源排放强度和敏感环境受体暴露程度之积，选取合理的空间尺度（网格、街道）为基本单元，分别从格网和行政区角度，分析污染特征值排放与敏感受体在网格空间的耦合关系（点状、面状），确定环境冲突地区及其等级。并从污染源、环境冲突地区、绿色缓冲地区、环境风险管控、评估体系等维度进行长三角城市群空间管制与结构优化。

（2）生态位态势演变机制与跨域调控路径。确立包括生态位分异指数、宽度、扩充压缩度以及协调指数的生态位测度模型。通过对数据进行差异性分析和系统聚类分析处理，测算 2010—2020 年长三角城市群各个城市的生态位测度模型，确定各城市在经济、社会、资源、环境维度的生态位宽度的差异程度和分异指数。通过分析各城市生态位结构变化情况和相互作用关系，阐述四个维度下城市群生态位在“态”与“势”方面的演化机制。

确定长三角城市群核心城市、中心城市、节点城市和一般城市，明确城市层次之间的差距大小。依据生态位扩充假说，通过生态位进化和分化，提升资源环境利用率、扩充资源环境容量，推进生态位扩充、分离、重叠的策略，实施跨域调控的可持续发展战略。

8.4.3 拟解决的关键科学问题

1. 区域生态价值共创的背景——产业结构特征对资源环境的影响

进行城市群产业代谢过程及网络结构演化模拟，分析长三角城市群产业结构特征对资源环境的影响。

2. 区域生态价值共创的原因——环境风险传递网络

测度城市群内部环境风险传递与经济规模、污染转移量的关联关系，研究

---

① KIRKMAN H. Globalization and the environment [J]. Australasian journal of environmental management, 2016, 23 (1): 118 - 119.

不同管理政策下长三角城市群环境风险传递网络影响效用。

3．区域生态价值共创的途径——确定跨域调控路径

基于环境性能评价进行空间管治与结构优化，探求城市群生态位态势演变机制，确定跨域调控路径，构建长三角城市群区域生态价值共创机制。

8.4.4　研究思路与方法

1．研究思路

各个研究对象之间的相互关系及整个研究的技术路线图，如图8－2所示。

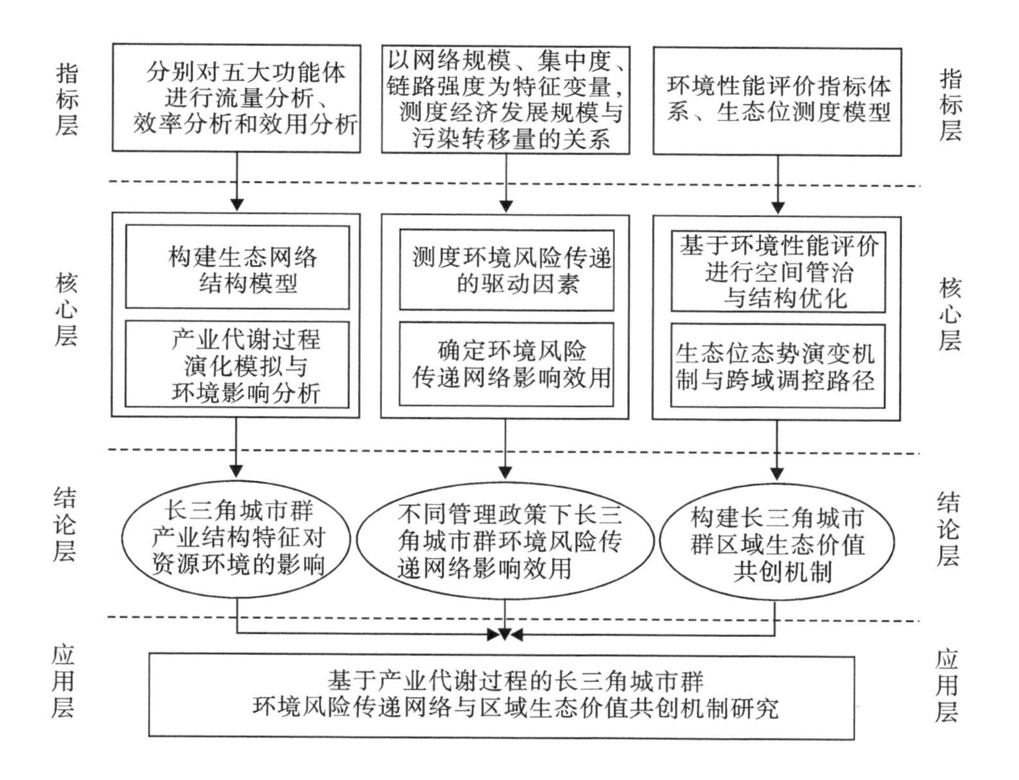

图8－2　生态价值共创研究技术路线图

2．研究方法

（1）一手数据和其他相关数据的收集法。拟采用参与观察法、深度访谈

法、专家咨询法、问卷调查法、公众参与 GIS 法、网站内容分析法获取一手数据。通过中国统计年鉴、中国国家基础地理信息中心、中国综合社会调查、地理空间数据云、图片分享网站（如 Flickr）获取其他相关数据。

（2）多维数据的数理统计分析处理法。为确保数据使用的科学性，主要使用相关性分析、差异性分析、内容分析（如 SPSS、AMOS）、系统聚类分析、拟合分析、多元线性回归分析等，对数据进行多维处理。

（3）指标参数引入与测度模型构建法。为分析产业结构特征对资源环境的影响，构建生态网络结构模型，进行产业代谢过程及网络结构演化模拟。为研究不同政策下环境风险传递网络影响效用，测度内部环境风险传递与经济规模、污染转移量的关系。为构建长三角城市群区域生态价值共创机制，基于环境性能评价进行空间管治与结构优化，探求生态位态势演变机制，确立跨域调控路径。

（4）全过程动态研究分析法。以长三角城市群产业空间增长与资源环境相互作用为主线，系统构建“空间结构特征—产业代谢过程—环境风险传递网络—跨域调控路径—区域生态价值共创”的基于产业代谢过程的长三角城市群环境风险传递网络与区域生态价值共创机制的全过程动态研究。

8.4.5 特色与创新之处

1. 特色

逐步建立和完善适应全球环境变化的城市群空间增长理论，通过“结构—过程—格局—机制”的研究思路，重点关注以资源环境为约束条件对城市群空间结构和形态发展的研究，并将城市群空间形态结构的基础理论逐步延伸至城市群与资源环境的作用和反馈机制研究，探寻中心城市和城市群的公众健康、环境和谐的可持续发展规律。

选取中国经济最发达、城镇集聚程度最高的城市化地区——长三角城市群作为主要研究对象，将“长三角城市群生态价值机制研究与区域生态价值共创机制”作为探索城市群空间增长理论、城市群与资源环境相互反馈机制的重要突破口。进行城市群产业代谢过程及网络结构演化模拟，分析长三角城市群产业结构特征对资源环境的影响；测度城市群内部环境风险传递与经济规模、污染转移量的关联关系，研究不同管理政策下长三角城市群环境风险传递网络影响效用；基于环境性能评价进行空间管治与结构优化，探求城市群生态位态势演变机制，确定跨域调控路径，构建长三角城市群区域生态价值共创机制，最终实现长三角城市群的可持续发展。

2. 创新之处

（1）研究视角。以往研究较多关注分散的工业集聚区、某一具体的生态保护区或脆弱地带，缺少对大型经济带，尤其是产业集中的城市群形成的经济与环境复合系统的研究。

本章将城市群的研究方向由空间结构过渡到产业代谢过程与资源环境的相互作用关系，及其对环境风险传递网络、区域生态价值共创机制的探讨。构建生态宜居的城市群空间形态，是长三角新型城市化发展的必由之路。

（2）研究方法。以往研究的分析方法以定性为主，缺乏多维度大样本分析、定量分析和理论模型。

本章为确保数据使用的科学性，通过数理统计分析法对数据进行多维处理。引入指标参数、构建测度模型，定量分析产业代谢过程与资源环境的相互作用关系，并对环境风险传递网络、区域生态价值共创机制进行探讨。

（3）研究过程。以往研究侧重于单一生态环节，如环境效益与成本投入、影响因素及驱动力、绿色指标评价，缺少对各种影响因素组合条件和共同作用的综合分析。

本章小结

本章以长三角城市群产业空间增长与资源环境相互作用为主线，运用全过程动态研究法，系统构建“空间结构特征—产业代谢过程—环境风险传递网络—跨域调控路径—区域生态价值共创”的基于产业代谢过程的长三角城市群环境风险传递网络与区域生态价值共创机制。

9 结论与展望

9.1 结论

世界正处于一个经济全面发展和科技快速进步的崭新时代，企业的规模越来越大，内容越来越复杂，范围越来越广，逐渐成为促进社会进步的绝对支柱。然而，在实际的生产与运作中，部分企业会产生一定的废水、废气和固体废弃物，对周围环境和社会公众造成一定的污染和破坏，被称为污染型企业。这些污染物严重破坏自然资源和生态平衡，不仅危害着广大人民群众的健康，也对企业自身的设施设备及其发展带来损害与阻碍。并且，这些污染型企业主要为国民经济发展的基础支柱产业，关系到国计民生，在国家经济和社会发展中起到中流砥柱的作用。因此，通常由政府部门对污染型企业进行合理有效的监管与引领。针对污染型企业，建立并完善一套科学合理有效的环保监管体系，也是政府部门监管企业环保行为制度研究的重点。因此，如何科学地认识污染型企业的特点，确保其建设施工与实际运营期间的安全性以及与周围环境的可持续协调发展，实现经济效益、社会效益、环境效益的最大化，和政府部门的监管与合理引导有着密不可分的联系。

目前，政府部门对污染型企业环境保护问题的管理集中表现在两个方面：第一，对于尚未建设以及处于筹建中的污染型企业，政府部门对其立项制定了科学严格的标准。第二，对于已经建成并投入使用的，尤其是具有较长运作时间的污染型企业，政府部门对其进行及时合理全面的环境影响评价。针对存在环境问题及环保隐患的污染型企业，政府规定企业自身首先进行环保治污设备技术的改造与提升，鼓励企业进行相关环保治污设备技术的研发，并予以一定的政府补贴，严令禁止各种非法排污行为。其中，政府部门针对第一种污染型企业制定的立项标准均建立在较为完善的科学化与合理化的基础之上，而第二种污染型企业中的部分企业因治污成本过高或自身能力有限，无法达到政府部门允许的污染物达标排放的标准。因此，政府部门对于第二种污染型企业的监管和治理逐渐成为对污染型企业进行管理的难点，也是本书的研究重点。针对目前已经建成并投入使用的污染型企业政府监管和治理机制存在的问题，通过研究其主要管理机制，分析并解决机制设计与治理环节中存在的问题，以达到完善政府对于已经建成并投入使用的污染型企业实行科学有效管理机制的最终目的。

具体来说，以政府管理机制设计与治理为研究主线，对整个政府监督和管理机制的全过程，尤其是政府部门对污染型企业的监管问题、环保治污设备技术成本分摊、环保治污设备技术研发策略下的政府补贴、企业非法排污问题的治理等关键环节出现的主要问题进行博弈分析，得到如下主要结论：

第一，政府部门对污染型企业的监管问题环节。对于政府部门来说，对污染型企业环保问题的监管力度与企业采取两种不同行为（良好行为和不良行为）的成本和损益相关。当污染型企业良好行为回报与不良行为惩罚的差值大于两种不同行为下成本差值与监管力度的商时，政府部门制定的无不良行为推定的二元行为管理制度能够有效促使污染型企业主动选择达标排污的良好行为。

当污染型企业良好行为的回报过小，会促使污染型企业采取作弊行为，甚至行贿的形式，干扰政府部门的正常监管。此时政府部门对污染型企业是否存在干扰正常监管的腐败行为的观测力度要大于污染型企业选择两种行为的成本差值和损益差值的商。当政府部门的惩罚力度越大，对观测力度的要求会相应地降低，并维持制度的合理与有效。

政府部门制定的治理腐败行为的二元行为管理制度，可以通过改善观测器的性能、适当增加污染型企业选择良好行为的回报、建立健全社会公众监督举报机制等一系列技术措施或管理措施对原有制度进行改进。

第二，环保治污设备技术成本分摊环节。环保治污设备技术选择问题中的污染型企业承担的排污费是可供选择的环保治污设备技术的单峰函数。

治污联盟中的各个污染型企业分摊的成本与边际成本越接近，成本分摊的结果与期望的差值越小，则企业的满意度就会越高；满意度差值越小，治污联盟越稳定，即成本分摊方案较为科学合理。

对于有附加治污需求的成本分摊博弈，当治污联盟中污染型企业的数量越多时，污染型企业倾向于增加购买使用环保治污设备技术的费用，即通过选择较为昂贵的设备技术，获得较高的污染治理效率及附加污染治理效率。

第三，环保治污设备技术研发策略下的政府补贴环节。在以减排量为标准的污染型企业单独进行环保研发的补贴博弈中，当排污权交易价格较高时，政府部门可以减少对企业研发的补贴。当排污权交易价格达到市场最大值，补贴率为零，污染型企业会严重降低独自进行环保研发的动机。当市场取消排污权交易价格时，企业进行环保研发的成本全部由政府部门承担。

在以产量为标准的污染型企业单独进行环保研发的补贴博弈中，政府部门提高对企业独立研发的补贴，也会促进企业产量的增加。政府部门制定的最优单位产量补贴额与单位排污权交易价格具有一定的单调性，该相关性的正负与市场情况、企业排污水平和环保研发能力、污染废弃物对环境的损害水平有关。

在污染型企业形成治污联盟进行环保研发的补贴博弈中，无论是以减排量，还是以产量为补贴标准，宽松的知识产权保护有利于污染型企业提高环保投入水平。当形成联盟的企业彼此存在的溢出效用较大时，政府部门会给予较高的补贴率，进而促进企业提高科研投资水平，克服薄弱的知识产权保护机制对污染型企业科研工作的不良影响。

相较于独立研发，污染型企业在研发方式上会选择以治污联盟的形式进行环保研发工作。在补贴政策与排污权交易政策的关系中，以减排量为标准的补贴政策与排污权交易政策的关系更明确，在实际生产运作中更具有实践意义。

第四，企业非法排污问题的治理环节。污染型企业投入的环保治污设备技术费用是单位产量可变成本的递减函数，是单位产量排污水平、排污权交易价格、非法排污被政府部门查处或被社会公众监督举报的概率的递增函数；政府部门制定的排污权交易价格是单位超标罚金、非法排污被政府部门查处或被社会公众监督举报的概率的递减函数。

污染型企业通过加强管理和技术革新降低生产成本，不仅可以提高污染型企业的直接利润收益，而且可以提高污染型企业对环保治污设备技术的投入。政府部门通过制定相关政策规范排污权交易市场、加大对污染型企业的监管、健全社会公众对企业排污的监督举报机制，可以达到促进污染型企业自身对排污问题的重视的目的。

同时在排污权交易市场中，对政府部门而言，提高排污权交易价格规范污染型企业排放污染物行为的趋势短时间内不会改变；对污染型企业而言，选择排污权交易制度是一种明智之举。政府部门出台的针对企业排污问题的政策可以有效降低检查监管成本，并在污染型企业内部形成成本压力，使污染型企业通过加大环保治污设备技术的投入提高自身治污的能力。

第五，企业治污投入与排污权交易政策动态一致性环节。政府部门具有信用，可以提高企业的治污水平。对于政府部门而言，更倾向于在公共管理中具有信用，以达到树立政府部门社会威信的目的。相应地，当政府部门具有信用，企业倾向于加大单位治污成本的投入，使企业自身避免产生排污权交易成本和因超标排污造成的罚款。企业加大治污投入，不仅与政府部门环保治理政策目的相一致，同样提升了企业的社会声誉，产生巨大的无形效益。

如果政府部门通过制定相关规定，限制其对政策进行随意修改，可使得排污权交易政策具有动态一致性，政府部门相应地获得更多的社会效益。但实际上，当政府部门制定具有平均主义倾向的政策时，对于每个企业对环境的损害具有相同的限定要求，这与现实不相符，也不合理。同时这也会挫伤一些具有较好治污水平企业的积极性，导致治污水平良好的企业选择逐步降低治污投入，这与政府部门的目的相违背。

当政府部门具有信用，且制定具有非平均主义倾向政策时，企业投入的环保治污设备技术费用是排污权交易价格、单位超标罚金、非法排污行为被政府部门查处或被社会公众监督举报概率的递减函数。

本书的结论可以看作对当下提高污染型企业环保问题监督和治理，以及政府管理机制合理性与有效性的一种思考，同时也提供了基于我国环境政策现状对污染型企业的污染进行治理的一种参考方法。

9.2　对策与建议

通过前文的分析，本书对目前污染型企业环保问题监督和治理的政府管理机制提出以下几点建议：

（1）明确政府机构在污染型企业环境保护问题监管中的责任。污染型企业的经济目标、整个社会的公众目标与环境目标最大化的合理界定能够给政府部门提供检查监管动力。

（2）政府部门对污染型企业进行环保问题监管时，需要重点防范污染型企业采取作弊行为，甚至采用对政府部门行贿的形式，干扰政府部门的正常监管。

（3）部分污染型企业因自身能力有限或治污成本过高，无法达到法定环保标准。某一区域中（如工业园区）的污染型企业如在环保治污设备技术的改造与提升上有一致需求和合作可能，可形成治污联盟，进行环保治污设备技术的成本分摊。

（4）污染型企业形成治污联盟进行环保治污设备技术的成本分摊时，不仅要考虑污染物对设备技术的一般治污需求，也要考虑不同企业排放特殊污染物的附加治污需求。

（5）政府部门借助投入研发资金或给予相应的奖励办法，可以促使污染型企业提高生产技术、降低作业成本，并提高污染型企业自身的治污水平，增加社会效益、节约社会成本。

（6）相较于独立研发，污染型企业在研发方式上会选择以治污联盟的形式进行环保研发。在补贴政策与排污权交易政策的关系中，以减排量为标准的补贴政策与排污权交易政策的关系更明确，在实际生产运作中更具有实践意义。

（7）政府部门建立完善的排污权交易机制、建立健全社会公众对企业排污的监督举报机制，可以有效降低政府部门对污染型企业的检查监管成本、提高财政资金的利用率、减少排污总量。

（8）对政府部门而言，提高排污权交易价格规范污染型企业排污行为的趋势短时间内不会改变；对污染型企业而言，选择排污权交易制度是正确之举。

（9）政府部门制定的政策需具有非平均主义倾向，以避免挫伤具有较好治污水平企业的积极性。且制定的政策需以按比例为标准，并对产生较多污染物的企业提高环境损害限定要求。

（10）当政府部门具有信用，且制定具有动态一致性的环保政策时，政府部门无须再次修改政策形成外部压力促使企业加大治污投入。企业选择一定治污投入，满足环保要求，树立社会声誉。政府部门避免人财物二次消耗，节约了财政成本。

9.3 展望

9.3.1 进一步研究规划

污染型企业环保问题监督和治理的规范管理机制的制定和实施包含诸多因素，本书仅对政府部门与污染型企业的博弈分析方面进行探讨，并将复杂的博弈过程作符合经济管理规律的简单化处理，得出具有一定的现实指导意义的基础结论。进一步的研究工作可从以下几个环节展开：

在运用制度工程学的理论知识研究政府部门对污染型企业的监管问题中，主要对政府部门监管污染型企业的排污行为进行二元行为管理的研究。通过对参数进一步的设定可以确定行为效用①、估算行为概率②，使得出的结论更具有管理实践效用。

---

① POMNALURI R V. Sustainable bus rapid transit initiatives in India：the role of decisive leadership and strong institution ［J］. Transport policy，2011，18（1）：269－275.

② CLEMENTS T，JOHU A，NIELSEN K. Payment for biodiversity conservation in the context of week institutions：comparison of three programs from Cambodia ［J］. Ecological economics，2010，69（6）：1283－1291.

基于合作博弈的成本分配机制是定价机制研究的基础，也是污染型企业联合治污发展的关键。但本书在环保治污设备技术成本分摊研究过程中没有针对实际生产运作中的不同情况分别构建不同约束条件的成本分摊博弈模型，如存在容量约束的成本分摊问题等。[①] 并且在对这些博弈问题的核进行求解的过程中，如有解的困难性和多重性，可适当进行启发式算法求解。[②]

对环保治污设备技术研发策略下的政府补贴的研究主要是基于三阶段博弈模型，将复杂的博弈过程作符合经济管理规律的简单化处理，从而得出较为基础的结论。然而博弈模型中的三方主体在长期多重博弈中会不断调整自己的策略[③]，导致各自收益支付的变化，但本书没有对三方进行动态博弈分析。[④] 具体来说，包括污染型企业及政府部门补贴的非对称性[⑤]、补贴次序的调整与变化等研究内容[⑥]。

企业非法排污问题治理机制[⑦]在制定和实施的过程中需要从不同方面考虑诸多因素[⑧]，本书仅基于 Stackelberg 博弈模型对政府部门与污染型企业进行博弈分析方面的探讨，进一步的研究还可以从以下几个方面深入展开[⑨]：政府机

---

① MADHOK A，KEYHANI M，BART BOSSINK. Understanding alliance evolution and termination：adjustment costs and the economics of resource value [J]. Strategic organization，2015，13 (2)：91 -116.

② GOEMANS M X，SKUTELLA M. Cooperative facility location games [J]. Journal of algorithms，2004，50 (2)：194 -214.

③ WANG S Y ，FAN J，ZHAO D T，et al. The impact of government subsidies or penalties for new-energy vehicles：a static and evolutionary game model analysis [J]. Journal of transport economics and policy，2015，49 (1)：97 -115.

④ 吴勇，陈通．产学研合作创新中的政策激励机制研究 [J]. 科技进步与对策，2011，28 (9)：109 -111.

⑤ 霍静波，尤建新．研发人才区域性流动的进化博弈分析 [J]. 同济大学学报（自然科学版），2015，43 (7)：1116 -1122.

⑥ 曹国华，赖苹，朱勇．节能减排技术研发的补贴和合作政策比较 [J]. 科技管理研究，2013 (23)：27 -32.

⑦ SANG S J. Optimal models in price competition supply chain under a fuzzy decision environment [J]. Journal of intelligent and fuzzy systems，2014，27 (1)：257 -271.

⑧ 关华，齐卫娜，王胜洲，等．环境污染治理中企业政府间博弈分析 [J]. 经济与管理，2014，28 (6)：72 -75.

⑨ GUAN H，QI W N ，WANG S Z，et al. Game analysis for environmental pollution treatment between enterprises and governments [J]. Economy and management，2014 (6)：72 -75.

构与污染型企业之间的重复博弈研究①；企业反应与政府政策保持动态一致性的问题研究②；相关政策能否满足机制设计基本约束的研究③等。

此外，污染型企业在实际生产和运作过程中，其产生的废水、废气和固体废弃物的种类、数量、浓度等，具有较为明显的行业特征，且与污染型企业所处的地域有很大的关系。所以，企业某些具体问题可从其所在行业特点、地域特征出发，作有针对性的分析与研究。例如，排污问题中政府部门对企业非法排污征收的罚款，其制定的依据可以在不同行业、地域中有所区分。处于经济较为发达的地区的高污染性行业、高利润企业或污染型企业，其非法排污行为缴纳的罚款是否可相应地提高，值得进一步分析和讨论。

同时，本书虽然运用相关模型对环保问题的监督与治理进行研究，但环保问题本身具有较强的实践性，后续可进一步结合具体的实例进行深入的分析和讨论，提高相关结论的应用价值。

9.3.2 长三角城市群研究构想

目前，我国正处于全球第三次城市化运动的浪潮中。2012 年《中国社会蓝皮书》显示，中国城镇人口占总人口的比重首次超过 50%，标志着中国城市化占比首次突破 50%。伴随着由以农业为主的传统型社会向以工业和服务业等非农产业为主的现代城市型社会的逐渐转变，中心城市及其城市群的发展预示着中国城市化进程的高速发展。

在已经成熟或正在发展的城市群中，依托上海为中心的长三角城市群，以占全国 2% 的国土面积和 11% 的人口为国家贡献了近 20% 的国民生产总值。作为中国“一带一路”与长江经济带的重要交汇区域，长三角城市群是我国经济社会发展的重要引擎，是国家参与国际竞争的重要平台，在现代化建设大局

---

① 姜博，童心田，郭家秀．我国环境污染中政府、企业与公众的博弈分析［J］．统计与决策，2013，(12)：71－74.

② 王乐，武春友，蒋兵．我国环境污染事故发生的博弈分析［J］．现代管理科学，2010 (7)：31－33.

③ MORRISON K D，KOLDEN C A．Modeling the impacts of wildfire on runoff and pollutant transport from coastal watersheds to the nearshore environment［J］．Journal of environmental management，2015，151：113－123.

和全方位开放格局中具有举足轻重的战略地位。

城市尤其是城市群聚合式的飞速发展势必消耗大量的环境资源，产生巨大的环境压力。城市群成为环境问题集中激化的敏感地区，集中全国3/4经济总量的中国城市群，同样集中了全国3/4的污染产出。随着城市群空间不断扩张，长三角城市群环境污染状况由局地污染逐渐演变为区域性、复合型污染。

为应对来自资源环境方面的严峻挑战，城市群空间增长的资源环境响应问题已成为可持续发展研究的重要前沿领域。2016年《长江三角洲城市群发展规划》提出将长三角城市群建设成为面向全球、辐射亚太、引领全国的世界级城市群，并着重强调以生态保护为发展提供新支撑，实施生态建设与修复工程，深化大气、土壤和水污染跨区域联防联治。因此，构建生态宜居的城市群空间形态，实现其与资源环境的和谐发展，是长三角城市群新型城市化发展的必由之路。分析其城市群空间结构特征对资源环境的影响，研究空间增长的资源环境响应演变规律及耦合关系，探求长三角城市群生态位态势演变机制，确定跨域调控路径；分析长三角城市群产业结构特征对资源环境的影响，研究不同管理政策下长三角城市群环境风险传递网络影响效用，构建长三角城市群区域生态价值共创机制，是实现长三角城市群可持续发展，将其建设成为世界级城市群的重要举措，从而有效缓解长三角城市群空间增长的资源环境压力，并为长三角城市群进行跨域调控提供参考性方法。